白矮星物理：

星震学模型拟合

陈彦辉 著

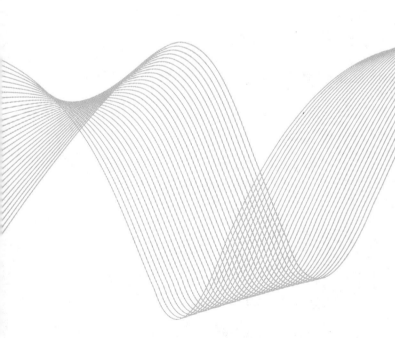

南京大学出版社

图书在版编目(CIP)数据

白矮星物理：星震学模型拟合 / 陈彦辉著. -- 南京：南京大学出版社，2023.2
ISBN 978 - 7 - 305 - 26369 - 9

Ⅰ. ①白… Ⅱ. ①陈… Ⅲ. ①白矮星－物理学 Ⅳ. ①P145.5

中国版本图书馆 CIP 数据核字(2022)第 236841 号

出版发行　南京大学出版社
社　　　址　南京市汉口路 22 号　　　　邮　编　210093
出 版 人　金鑫荣

书　　　名　**白矮星物理:星震学模型拟合**
著　　　者　陈彦辉
责任编辑　王南雁　　　　　　　　编辑热线　025 - 83595840

照　　　排　南京南琳图文制作有限公司
印　　　刷　南京玉河印刷厂
开　　　本　787×960　1/16　印张 7.25　字数 131 千
版　　　次　2023 年 2 月第 1 版　2023 年 2 月第 1 次印刷
ISBN 978 - 7 - 305 - 26369 - 9
定　　　价　68.00 元

网址：http://www.njupco.com
官方微博：http://weibo.com/njupco
官方微信号：njupress
销售咨询热线：(025) 83594756

序　言

　　纵观历史长河,人类从未停止探索自然规律、探索真理。我国古有万户飞天,勇于实践,为理想献身;今有广大科技工作者为科技强国而不懈努力,锐意进取。意大利自然科学家布鲁诺反对地心说,推崇日心说,因捍卫真理而被罗马教廷烧死在罗马鲜花广场的事迹家喻户晓。哥白尼的《天体运行论》标志着近代自然科学的产生。在科学技术飞速发展的今天,广大科技工作者对天文学领域的探索已经取得了丰硕的成果。

　　本书作者基于星震学方法研究白矮星物理规律十余年,计划将积累沉淀的研究收获和心得体会编辑成册。科学研究工作任重道远,本书从星震学角度对白矮星的客观规律开展初步的、入门性的介绍,希望对天体物理专业的研究生、天文学和物理学专业的本科生以及广大天文爱好者有所帮助。

　　本书首先简要介绍白矮星典型参数,使读者对白矮星有宏观整体的认识。然后分章节介绍白矮星的相关物理知识,包括白矮星光谱、白矮星中心核、白矮星物态结构、白矮星演化、白矮星振动、白矮星演化程序和振动程序以及脉动白矮星星震学模型拟合。最后对即将开展的工作做出展望。本书一方面是在向读者传递上述章节中的基础知识,另一方面也是在与读者交流作者对研究工作的梳理、思考和沉淀。

　　感谢中国科学院云南天文台对我的培养,感谢楚雄师范学院为我提供良好的工作平台，感谢国家自然科学基金委员会对我研究工作的大力资助（11803004：屏蔽库伦势在脉动白矮星中的应用，11563001：脉动白矮星的星震学研究）。感谢云南省"万人计划""青年拔尖人才专项"对本书出版的大力资助（证书编号：YNWR QNBJ 2019 182）。衷心感谢中国科学院云南天文台李焱研究员、北京师范大学付建宁教授、宗伟凯博士对本书出版提出的宝贵意见。也衷心感谢楚雄师范学院天体物理研究所成员唐孟尧、舒虹、向文丽、杨永辉对本书出版提出的宝贵意见。

陈彦辉

2023 年 1 月

目　录

第1章

白矮星典型参数

1.1 白矮星的质量和半径

人类已经在地球上生活了数百万年，太阳为我们提供着光和热。地球质量约为 5.964×10^{24} kg，地球平均半径约为 6 371 km。太阳质量约为 1.989×10^{30} kg，半径约为 70 万公里，比地月平均距离（约 38 万千米）还要大。从数量级上分析，白矮星质量和太阳质量相当，白矮星体积和地球体积相当。因此，白矮星拥有极大的密度，是极端致密天体。

Kleinman 等人在 2013 年的工作[1]中对斯隆数字化巡天（Sloan Digital Sky Survey，SDSS）项目第 7 次数据释放的 12 843 颗 DA 型白矮星光谱和 923 颗 DB 型白矮星光谱进行了光谱拟合。根据获得的最佳拟合模型有效温度数值和重力加速度数值，选取信噪比高于 15、有效温度高于 13 000 K 的 DA 型白矮星和有效温度高于 16 000 K 的 DB 型白矮星，绘制这些白矮星的质量分布直方图如图 1.1 所示[1]。图中高于 1.06 个太阳质量（1.06 $M_\odot$）的氧氖核白矮星模型演化计算来自 Althaus 等人 2005 年的工作[2]，低于 0.452 $M_\odot$ 的氦核白矮星模型演化计算来自 Althaus 等人 2009 年的工作[3]和 2001 年的工作[4]，处在中间质量范围的碳氧核白矮星模型演化计算来自 Renedo 等人 2010 年的工作[5]和 Althaus 等人在 2009 年的工作[6]。从图中可以看出大部分 DA 型白矮星的质量分布在 $0.60 M_\odot$ 附近，而多数 DB 型白矮星的质量分布在 $0.65 M_\odot$ 附近。DB 型白矮星的质量比 DA 型白矮星的质量略大一些，这和 DB 型白矮星可能经历了一个再生的极晚期热脉冲（VLTP）过程并在该过程中燃烧掉残留的表面氢是一致的。VLTP 过程被认为是生成 DB 型白矮星的有效通道。另外，我们还可以看出白矮星质量存在一个上限值。该质量上限将在后面的章节中进行描述。

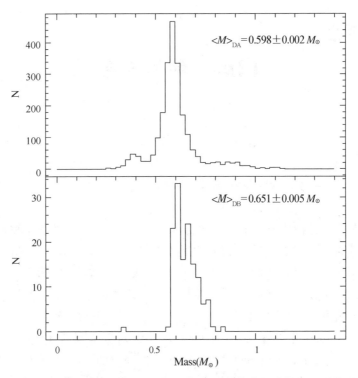

图 1.1 SDSS DR7 由光谱信噪比高于 15 的数据计算获得的白矮星质量分布直方图,图中选取的 DA 型白矮星有效温度高于 13 000 K,DB 型白矮星有效温度高于 16 000 K[1]

1.2 白矮星的有效温度和重力加速度

地球表面平均温度约为 15 摄氏度。太阳有效温度约为 5 777 K[7]。而刚形成的白矮星有效温度可达 10^5 K 数量级。如光谱拟合工作和星震学模型拟合工作都表明 DO 型脉动白矮星 PG 1159−035 的有效温度可达 $1.3×10^5$ K[8]。白矮星的热核反应已经基本停止,白矮星的演化过程是一个冷却(初期伴随着半径的收缩)过程。直到冷却至几千开尔文,逐渐淡出人类的观测视野,成为一颗冰冷(这里说的冰冷是和前期的高温相比较)黑暗的黑矮星。因此,白矮星的有效温度从几十万开尔文到几千开尔文都有分布。

　　地球表面重力加速度数值约为 9.80 m/s^2，月球表面重力加速度数值约为地球表面重力加速度值的 1/6。白矮星表面重力加速度一般为 10^8 cm/s^2 水平。图 1.2 是 Kleinman 等人在 2013 年的工作[1]中，利用光谱拟合结果得到的 DA 型白矮星和 DB 型白矮星表面重力加速度分布直方图。图中横坐标为厘米-克-秒单位制[CGS]下的重力加速度取以 10 为底的对数，绝大多数白矮星的横坐标取值在 7～9 之间。另外，DB 型白矮星的重力加速度数值分布略高于 DA 型白矮星的，这个结果和图 1.1 中的质量分布差异吻合。如此高的重力加速度使白矮星成为研究极端物理规律的天然实验室。

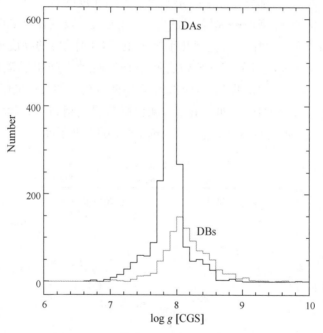

图 1.2　Kleinman 等人利用光谱拟合结果得到的 DA 型白矮星和 DB 型白矮星表面重力加速度分布直方图[1]

1.3　白矮星的光度和年龄

　　天体的光度为单位时间内天体的辐射总能量。太阳光度值($L_\odot$)约为 3.845×10^{26} J/s。太阳光度值的计算如下：在地球上测量垂直于入射光方向每秒钟每平方米面积接收的平均太阳辐射能量,该测量值和以太阳为中心、日地距离为半径的假想球面面积相乘。其他天体的光度值一般以太阳的光度值为单位。图 1.3 为大量近邻天体在赫罗图中的分布[9],左侧纵坐标为绝对星等,右侧纵坐标即是以太阳光度为单位的光度值,横坐标为有效温度和光谱型。天体有效温度值从高(25 000 K 以上)到低(3 500 K 以下),对应的光谱型依次为 O、B、A、F、G、K、M。图中大部分恒星为主序星,在图的右侧和上部是红巨星、红超巨星和蓝超巨星。在左下角,稀疏地分布着一些白矮星。图中主序星的个数约占恒星总数的 90%,意味着恒星氢燃烧过程(主序阶段)大约占据恒星 90% 的寿命。从图中可以看出,大部分白矮星的光度约为太阳光度的百分之一到万分之一。天狼星的伴星就是一颗著名的白矮星,天狼星及其伴星如图 1.4[10] 所示。图中天狼星伴星的亮度几乎被天狼星(主序星)的亮度掩盖。图 1.5 为美国国家航天局(NASA)官网公布的哈勃空间望远镜(Hubble Space Telescope)拍摄的由专业天文学家团队分离出的天狼星伴星图片。天体颜色越红温度越低(如心宿二),颜色越蓝温度越高(如织女星)。图 1.5 中天狼星伴星的颜色很蓝,表明该白矮星的温度很高。

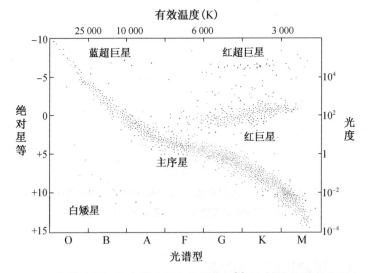

图 1.3 大量近邻恒星在赫罗图中的分布图[9],右侧纵坐标以太阳光度为单位

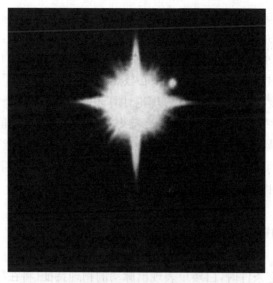

图 1.4　天狼星及其伴星,伴星为白矮星[10]

图 1.5　由哈勃空间望远镜拍摄的天狼星伴星

　　绝大多数中小质量恒星都将演化为白矮星。氢点燃标志着恒星进入零龄主序阶段。以小质量恒星为例,大致需要经历主序星、红巨星、水平分支星、渐近巨星、行星状星云,最终成为白矮星。从图1.3可以看出,绝大多数恒星处在主序阶段,氢燃烧过程大约占据了恒星 90% 的寿命。太阳的年龄约为 46 亿年,大约经过了其主序阶段的一半寿命。从零龄主序星开始算起,小质量恒星演化生成的白矮星一开始就具有了约 100 亿年的年龄。在白矮星的冷却阶段,中心核热核反应虽然停止了,但是冷却前期中心核温度仍然高于 10^6 K。理论计算表明,质量为一个太阳质量、光度为千分之一太阳光度的白矮星冷却寿命可达 10 亿年数量级。目前宇宙年龄的公认值约为 138 亿年,现在的低温白矮星经历了约 100 亿年的前期演化和约 10 亿年的冷却。因此白矮星中很可能含有宇宙早期的信息,白矮星可以作为宇宙考古的活化石。

1.4 白矮星的自转和磁场

处在一定条件时,白矮星表现出脉动的物理特征(将在第 6 章中详细介绍)。白矮星的脉动模式信息可以用来探测白矮星自转和磁场。1975 年,Brickhill 计算了由于自转导致的白矮星振动频率分裂近似公式(适用于 $k \gg 1$ 的慢速自转),如公式(1.1)[11]所示:

$$m\delta\nu_{k,l} = \nu_{k,l,m} - \nu_{k,l,0} = \frac{m}{P_{\text{rot}}}(1 - \frac{1}{l(l+1)}) \tag{1.1}$$

其中,$\nu_{k,l,m}$ 为振动频率,P_{rot} 为白矮星自转周期,k 为径向振动波节点数,l 为球谐度,m 为方位角数,l 和 m 是球谐函数的角标参数。从公式(1.1)中可以看出 $\delta\nu_{k,1}/\delta\nu_{k,2}/\delta\nu_{k,3} = 0.6/1.0/1.1$,该关系对观测模式的认证工作十分有用。对目标白矮星进行测光观测并开展模式认证工作后可根据频率分裂值计算目标白矮星的自转周期。利用该方法,Costa 等计算获得 DO 型脉动白矮星 PG 1159-035 的自转周期约为 1.392 0 天[12],Vauclair 等得到 DO 型脉动白矮星 RXJ 2117+3412 的自转周期约为 1.16 天[13]。Winget 等计算获得 DB 型脉动白矮星 GD 358 的自转周期约为 1.6 天[14],Hermes 等得到 DB 型脉动白矮星 PG 0112+104 的自转周期约为 10.174 04 小时[15]。Fu 等计算获得 DA 型脉动白矮星 HS 0507+0434B 的自转周期约为 1.61 天[16],Dolez 等得到 DA 型脉动白矮星 HL Tau 76 的自转周期约为 2.2 天[17]。由此可见,由频率对称性分裂计算获得的白矮星自转周期一般为天的数量级。白矮星的体积和地球相当,自转周期也和地球自转周期同数量级。

　　Jones 等在 1989 年的工作[18]中理论计算了弱磁场对振动频率分裂值的影响,磁场会导致振动频率分裂值随 k 值改变,且出现和自转不同的非对称性频率分裂。据此,Winget 等计算获得 DO 型脉动白矮星 PG 1159−035 的磁场上限为 6 000 G[19],Vauclair 等计算得到 DO 型脉动白矮星 RXJ 2117+3412 的磁场上限为 500 G[13],Winget 等计算获得 DB 型脉动白矮星 GD 358 的磁场约为 1 300 G[14],Hermes 等得到 DB 型脉动白矮星 PG 0112+104 的磁场上限为 10 000 G[15],Dolez 等算得 DA 型脉动白矮星 HL Tau 76 的磁场约为 1 000~2 000 G[17]。通过该方法探测的白矮星弱磁场约为几百到几千高斯数量级。

　　强磁场会对天体光谱产生显著影响,如塞曼效应。Külebi 等在 2009 年的工作[20]中拟合了 SDSS 中 141 颗有磁场的 DA 型白矮星光谱,发现这些白矮星的磁场为 1~900 MG。强磁场白矮星的参数特征、磁场的起源和演化都是当前研究的热点问题[21]。太阳磁场的起源比较流行的有化石学说和发电机学说。表 1.1 中列出了自然界不同天体磁场数值的粗略数量级,供读者思考。天体的磁场范围非常广泛,单就白矮星而言,弱磁场仅为几百到几千高斯,而强磁场可达百兆高斯。有关白矮星的磁场还需要进一步的研究。

表 1.1　自然界不同天体磁场的粗略数量级

天体名称	磁场数值	天体名称	磁场数值
地球(磁场平均值)	0.5 G	白矮星	100 MG
太阳大黑子	0.3 T	中子星、磁星	10^{12} G

1.5　程序计算白矮星参数列表

　　前文各小节简要介绍了白矮星的质量、半径、有效温度、重力加速度、光度、年龄、自转和磁场。本小节将展示由 WDEC(2018)加 MESA(8118)程序演化的不同参数的 DB 型脉动白矮星和 DA 型脉动白矮星的参数列表,使读者对白矮星各个宏观参数有具体的认识。该演化程序将在第 7 章中详细介绍。该程序演化的目标白矮星是一维的,不包含白矮星的自转,也不包含白矮星的磁场。

　　表 1.2 为 DB 型脉动白矮星宏观参数列表。演化表 1.2 中的 DB 型

脉动白矮星时,包层质量取白矮星质量的百分之一,氢大气质量取白矮星质量的百万分之一,混合长参数取 1.25。表 1.3 为 DA 型脉动白矮星宏观参数列表。演化表 1.3 中的 DA 型脉动白矮星时,包层质量取白矮星质量的百分之一,氦质量取白矮星质量的千分之一,氢大气质量取白矮星质量的亿分之一,混合长参数取 0.6。

表 1.2　程序演化的 DB 型脉动白矮星宏观参数列表

有效温度 T_{eff}(K)	质量 $M_*/M_{\odot}$	光度 $L/L_{\odot}$	半径 $R/R_{\odot}$	重力加速度 $\log g$ [CGS]	年龄 Age(year)
	0.8	7.77×10^{-2}	1.04×10^{-2}	8.30	7.86×10^{7}
30 000	0.7	9.95×10^{-2}	1.18×10^{-2}	8.14	6.77×10^{7}
	0.6	1.29×10^{-1}	1.34×10^{-2}	7.96	5.49×10^{7}
	0.5	1.76×10^{-1}	1.57×10^{-2}	7.75	4.11×10^{7}
	0.8	3.66×10^{-2}	1.03×10^{-2}	8.32	1.25×10^{8}
25 000	0.7	4.65×10^{-2}	1.16×10^{-2}	8.15	1.08×10^{8}
	0.6	5.96×10^{-2}	1.31×10^{-2}	7.98	9.05×10^{7}
	0.5	7.89×10^{-2}	1.51×10^{-2}	7.78	7.22×10^{7}
	0.8	2.16×10^{-2}	1.02×10^{-2}	8.32	1.71×10^{8}
22 000	0.7	2.74×10^{-2}	1.15×10^{-2}	8.16	1.46×10^{8}
	0.6	3.48×10^{-2}	1.30×10^{-2}	7.99	1.24×10^{8}
	0.5	4.54×10^{-2}	1.48×10^{-2}	7.80	1.03×10^{8}

表 1.3　程序演化的 DA 型脉动白矮星宏观参数列表

有效温度 T_{eff}(K)	质量 $M_*/M_{\odot}$	光度 $L/L_{\odot}$	半径 $R/R_{\odot}$	重力加速度 $\log g$ [CGS]	年龄 Age(year)
	0.8	1.84×10^{-3}	1.00×10^{-2}	8.34	6.23×10^{8}
12 000	0.7	2.30×10^{-3}	1.12×10^{-2}	8.18	5.31×10^{8}
	0.6	2.88×10^{-3}	1.25×10^{-2}	8.02	4.79×10^{8}
	0.5	3.63×10^{-3}	1.41×10^{-2}	7.84	4.22×10^{8}
	0.8	1.55×10^{-3}	1.00×10^{-2}	8.34	6.93×10^{8}
11 500	0.7	1.93×10^{-3}	1.12×10^{-2}	8.18	5.79×10^{8}
	0.6	2.42×10^{-3}	1.25×10^{-2}	8.02	5.20×10^{8}
	0.5	3.05×10^{-3}	1.40×10^{-2}	7.84	4.62×10^{8}

(续表)

有效温度 T_{eff}(K)	质量 $M_*/M_\odot$	光度 $L/L_\odot$	半径 $R/R_\odot$	重力加速度 $\log g$ [CGS]	年龄 Age(year)
11 000	0.8	1.29×10^{-3}	9.98×10^{-3}	8.34	7.76×10^8
	0.7	1.61×10^{-3}	1.12×10^{-2}	8.19	6.39×10^8
	0.6	2.01×10^{-3}	1.25×10^{-2}	8.02	5.67×10^8
	0.5	2.54×10^{-3}	1.40×10^{-2}	7.84	5.07×10^8

仔细观察表中的数据可以初步得出如下结论：

1. 随着白矮星的演化，有效温度在降低，年龄在增加，光度在降低。

2. 随着白矮星的演化，白矮星在缓慢地收缩即半径在不断减小。

3. 随着白矮星的演化，白矮星的重力加速度在缓慢地增加。

4. 质量越大的白矮星半径越小，进而重力加速度越大。

5. 有效温度相同时，质量越大的白矮星半径越小，进而光度越低。

上述物理规律将在后续章节中逐步讲解，届时，读者对它们将有更深刻的理解。本章简要介绍了白矮星的基本参数。最后，我们以 NASA 官网公布的哈勃空间望远镜拍摄的行星状星云 IC 418 的照片结束本章(图1.6)。该行星状星云中心的恒星将会演化成一颗白矮星。

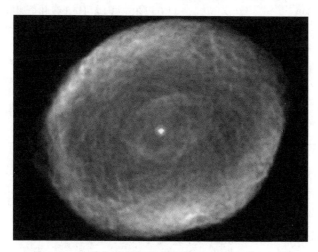

图 1.6　哈勃空间望远镜拍摄的行星状星云 IC 418

第2章

白矮星光谱

上一章节中介绍了白矮星的典型参数,本章将从白矮星光谱的分类和白矮星光谱的拟合两个方面整体介绍白矮星光谱。

2.1 白矮星光谱的分类

第 1 章中的图 1.3 下横坐标展示了恒星的光谱型。本小节将详细介绍白矮星的光谱分类。表 2.1 为白矮星光谱的分类及对应光谱的主要特征[22]。

表 2.1 白矮星光谱的分类及对应光谱的主要特征[22]

白矮星光谱类型	对应光谱的主要特征
DA	只有巴尔末线,无 He I 线和金属线
DB	有 He I 线,无 H 线和金属线
DO	有很强的 He II 线,He I、H、C、O 线也存在
DZ	只有金属线,无 H 线和 He 线
DC	连续谱,没有深于连续谱 5% 的吸收线
DQ	有原子或分子形式的 C 线

表面富含氢大气的白矮星称为 DA 型白矮星,该类型白矮星大约占白矮星总数的 80%,在白矮星有效温度的高温端到低温端(约 150 000 K~4 000 K)均有分布。图 2.1 是来自 SDSS SkyServer DR7/tools/Visual Tools/Quick Look 路径,通过赤经赤纬搜索下载的 DA 型脉动白矮星 GD 154 的光谱。天体的坐标可以通过 SIMBAD Astronomical Database 网站查询获得。图中的巴尔末吸收线非常明显,如 H_α(氢原子中的电子从 n=3 的能级跃迁到 n=2 的能级),H_β(氢原子中的电子从 n=4 的能

级跃迁到 n＝2 的能级），H_γ（氢原子中的电子从 n＝5 的能级跃迁到 n＝2 的能级）等。图中光谱的波长范围大约是 3 800 埃到 9 200 埃，长波段除了吸收线外呈现良好的连续谱。

RA=197.489 99, DEC=35.163 13, MJD=53 799, Plate=2016, Fiber=102

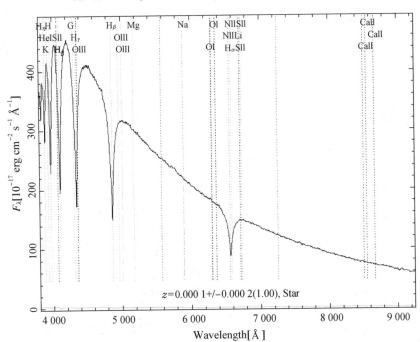

图 2.1　来自 SDSS DR7 中的 DA 型脉动白矮星 GD 154 的光谱

　　表面富含中性氦大气的白矮星称为 DB 型白矮星。该类型白矮星的有效温度范围大约是 32 000 K～12 000 K。图 2.2 是来自 SDSS DR7 中的 DB 型脉动白矮星 CBS 114 的光谱，图中光谱的波长范围大约是 3 800 埃到 9 200 埃。氦原子包含两个核外电子（费米子），由费米子组成的体系的波函数必须是反对称的。总的波函数是坐标函数和自旋函数的乘积，两电子自旋相互反平行的态为独态，相互平行的态为三重态，氦原子的光谱比氢原子的光谱复杂[23]。

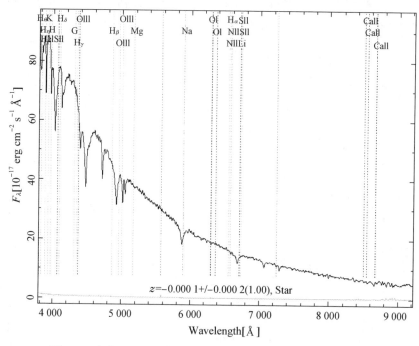

图 2.2　来自 SDSS DR7 中的 DB 型脉动白矮星 CBS 114 的光谱

　　图 2.3 为 Beauchamp 等人得到的 8 颗 DB 型脉动白矮星的可见光波段光谱[24]。这 8 颗星的光谱波长范围约为 3 700 埃～5 100 埃,其中 7 颗星位于北天区,EC 20058－5234 位于南天区。在 EC 20058－5234 的短波端波长小于 4 100 埃处出现了仪器设备的问题[24]。不考虑 EC 20058－5234 的短波端仪器设备问题,这 8 颗 DB 型脉动白矮星的光谱图像大致相同,吸收线的宽度、深度、位置均大致相同,感兴趣的读者可以根据量子力学知识详细计算与吸收线波长相对应的能级跃迁情况。

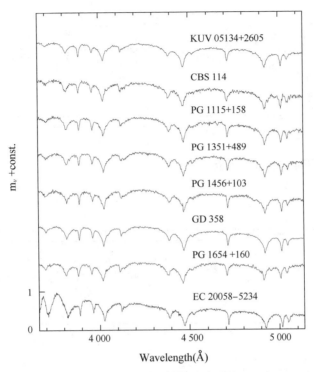

图 2.3　Beauchamp 等利用光谱观测获得的 8 颗 DB 型脉动白矮星光谱[24]

　　表面富含电离氦大气的白矮星称为 DO 型白矮星，也可能含有 He I 线和 H 线，有的也可能含有 C 线和 O 线。该类型白矮星的有效温度范围一般在 180 000 K～45 000 K 内。图 2.4 是 Jahn 等利用哈勃空间望远镜和远紫外分光探测器(Far Ultraviolet Spectroscopic Explorer，FUSE)对 DO 型脉动白矮星 PG 1159－035 的高精度紫外观测得到的光谱以及拟合光谱图[25]。图 2.4 中波长范围是 910 埃～1 730 埃，可以看出 DO 型脉动白矮星 PG 1159－035 的光谱中包含丰富的 He II 线、C 线和 O 线。数据分析表明，该星大气成分中 He 的质量分数约为 33％，C 的质量分数约为 50％，O 的质量分数约为 17％[25]。

　　对于表 2.1 中其他光谱类型的白矮星，这里不再一一介绍。另外，用字母"V"来表示变星。有关脉动白矮星的知识将在后续章节中陆续介绍。

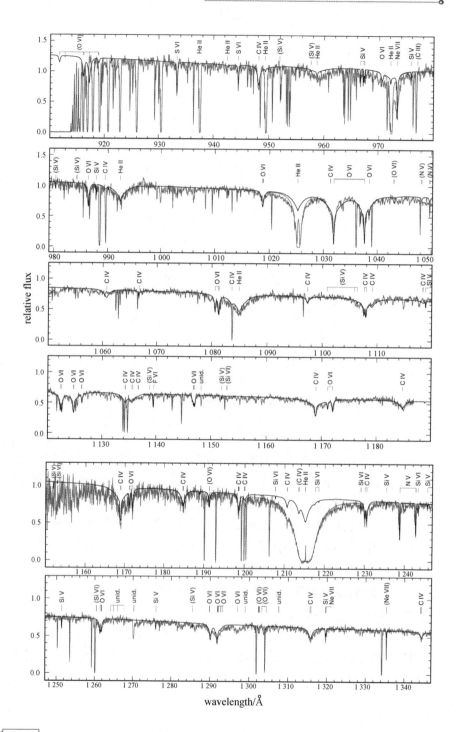

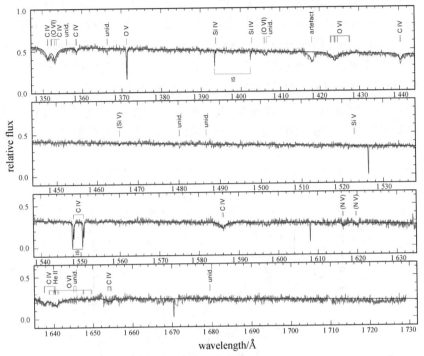

图 2.4 来自哈勃空间望远镜和远紫外分光探测器对 DO 型脉动白矮星
PG 1159－035 的高精度紫外观测光谱以及拟合光谱图[25]

2.2 白矮星光谱的拟合

维恩位移定律表明黑体辐射谱的流量峰值波长反映了该黑体的有效
温度。拟合连续谱的形状、峰值波长可以获得对应辐射天体的有效温度。
由于重力展宽效应,天体光谱吸收线的宽度对重力加速度很敏感,一般通
过拟合天体光谱吸收线的深度和宽度、连续谱的形状便可以获得天体的
有效温度和表面重力加速度信息。一般大型光谱巡天项目通过光谱拟合
工作获得天体的统计学信息,如图 1.1 和图 1.2 中的统计工作。

理论模型给出的天体光谱对模型拟合至关重要。Koester 在 2008
年的工作[26]中,在均匀平面平行层、流体静力学平衡、辐射和对流平衡、
局部热力学平衡等基本假设前提条件下,考虑基本粒子的束缚-自由吸
收、自由-自由吸收、束缚-自由跃迁、汤姆逊散射、瑞利散射等物理过程,

计算了白矮星光谱和大气模型。图 2.5 为 Koester 的光谱库中有效温度为 26 000 K 时不同重力加速度的 DB 型白矮星理论光谱展示图。图 2.6 为 Koester 的光谱库中重力加速度 $\log g = 8.00$ 时不同有效温度的 DB 型白矮星理论光谱展示图。图 2.7 为 Koester 的光谱库中有效温度为 12 000 K 时不同重力加速度的 DA 型白矮星理论光谱展示图。图 2.8 为 Koester 的光谱库中重力加速度 $\log g = 8.00$ 时不同有效温度的 DA 型白矮星理论光谱展示图。从四幅图中可以看出,不同有效温度和重力加

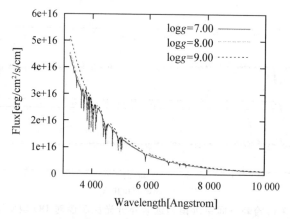

图 2.5 Koester 光谱库中有效温度为 26 000 K 时不同重力加速度的 DB 型白矮星理论光谱展示图

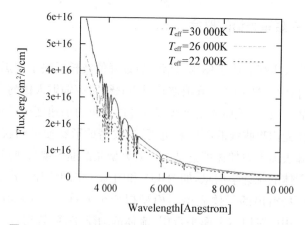

图 2.6 Koester 光谱库中重力加速度 $\log g = 8.00$ 时不同有效温度的 DB 型白矮星理论光谱展示图

速度数值会对 DB 和 DA 型脉动白矮星光谱产生显著影响。另外,图 2.5
和图 2.6 给出的 DB 型白矮星理论光谱图和 SDSS 给出的观测获得光谱
(图 2.2)整体形状很相似。图 2.7 和图 2.8 给出的 DA 型白矮星理论光
谱图和 SDSS 给出的观测获得光谱(图 2.1)整体形状很相似。光谱库中
有效温度的步长为 500 K,重力加速度 $\log g$ 的步长为 0.25。通过插值计
算可以获得更小步长的具有不同有效温度和不同重力加速度的网格白矮
星光谱图,用于对观测光谱进行拟合工作。

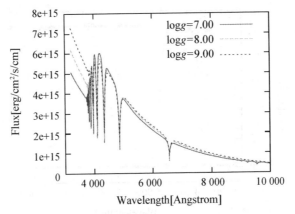

图 2.7　Koester 光谱库中有效温度为 12 000 K 时不同重力加速度的 DA 型白矮星理论光谱展示图

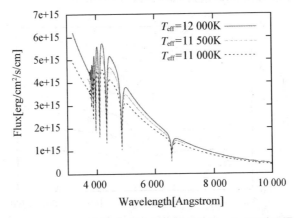

图 2.8　Koester 光谱库中重力加速度 $\log g = 8.00$ 时不同有效温度的 DA 型白矮星理论光谱展示图

图 2.9 和 2.10 展示的是使用 Koester 的模型光谱库[26]对图 2.1 中 DA 型脉动白矮星 GD 154 观测光谱的初步拟合工作[27]。筛选的最佳拟合模型参数为 $T_{eff}=11\,400$ K, $\log g=8.20$ [CGS]。图 2.9 是在 3 820 埃到 6 800 埃波长范围内的归一化拟合[27]。图 2.10 是把巴尔末吸收线（H_α 到 H_η）取出逐一单独拟合并把拟合结果绘制在同一幅图中[27]。粗糙曲线为观测光谱,光滑曲线为模型结果,两幅图中模型曲线较好地拟合了观测曲线。

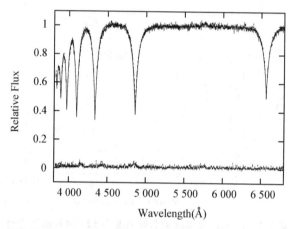

图 2.9 参数是 $T_{eff}=11\,400$ K, $\log g=8.20$ 的归一化光谱模型对 GD 154 的光谱从 3 820 埃到 6 800 埃的归一化拟合[27]

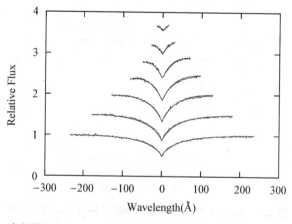

图 2.10 参数是 $T_{eff}=11\,400$ K, $\log g=8.20$ 的光谱模型对 GD 154 光谱中的巴尔末吸收线 H_α 到 H_η 的拟合展示图[27]

Bergeron 等人在 1995 年发表的工作[28]中使用考虑混合长理论的合成光谱对 22 颗 DA 型脉动白矮星的可见光光谱进行了拟合研究,同时也分析了紫外光谱的拟合情况,给出了 DA 型脉动白矮星的混合长参数最佳取值 ML2/α=0.6[28]。

混合长参数取 ML2/α=1.25 时,Beauchamp 等对图 2.3 中的 8 颗 DB 型脉动白矮星可见光光谱开展了模型拟合工作并研究了 DB 型脉动白矮星的脉动不稳定带的有效温度范围[24]。

新的光谱拟合工作显示,DO 型脉动白矮星 PG 1159−035 的大气成分质量分数为:32% He、48% C、17% O、2% Ne,以及少量的 H、Si、N、P、S、F、Fe,有效温度和重力加速度分别为:$T_{eff}=140\ 000$ K,$\log g=7.0$[CGS][29]。

图 2.11 是 Xu 等人在 2014 年的工作[30]中对 DAV 白矮星 G 29−38 的光谱拟合,最佳拟合模型的拟合参数为 $T_{eff}=11\ 820$ K,$\log g=8.40$,观测光谱来自欧南台 SN Ia Progenitor Survey 项目。观测光谱中发现了明显的 Ca II K 线。这些 Ca II K 线很可能来自白矮星对周围行星物质的吸积[30]。

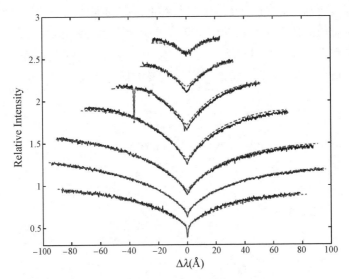

图 2.11　Xu 等对 DAV 白矮星 G 29−38 的光谱拟合,$T_{eff}=11\ 820$ K,$\log g=$ 8.40,观测光谱来自欧南台 SN Ia Progenitor Survey 项目[30]

在白矮星质量章节讲到，Kleinman 等人进行了对 SDSS DR7 中上万条白矮星光谱的模型拟合工作并研究了拟合参数的统计学信息[1]。我国郭守敬望远镜(Large Sky Area Multi-Object Fiber Spectroscopic Telescope，LAMOST)拥有大口径、大视场及 4 000 根光纤带来的超强光谱观测能力。Zhao 等人在 2013 年的工作[31]中认证并拟合了 70 颗 LAMOST 调试运行期间观测的 DA 型白矮星光谱。Guo 等在 LAMOST DR2 中识别出了 1 056 颗 DA 型白矮星光谱、34 颗 DB 型白矮星光谱以及 276 组白矮星加主序星组成的双星系统的光谱[32]。其中，383 颗 DA 型白矮星、4 颗 DB 型白矮星以及 138 组白矮星加主序星双星系统是新认证识别的。Kong 等在 2019 年的工作[33]中认证识别了 LAMOST DR5 中的 DB 型白矮星光谱，并结合 SDSS 的观测，研究了这些 DB 型白矮星的有效温度、重力加速度以及位置和速度的三维分布。天体光谱吸收线的对应波长观测值和该吸收线对应波长理论计算值的差别(多普勒效应)可以用来研究该天体的视向速度。谱线的分裂情况可以用来研究天体的强磁场。前面介绍白矮星磁场章节也讲到了 Külebi 等研究了 SDSS 中 141 颗强磁场 DA 型白矮星的光谱，获得了这 141 颗 DA 型白矮星的磁场统计分布[20]。

综上所示，白矮星的光谱中包含着丰富的物理信息，光谱拟合研究是非常有价值的研究工作。中国科学院国家天文台经常举办天文观测技术培训班和 LAMOST 用户培训会等，感兴趣的同学可关注国家天文台官方网站报名参加，并为我国的天文学发展贡献力量。

第3章

白矮星中心核

上一章节中介绍了白矮星的大气结构即白矮星光谱,本章将从白矮星中心核的分类以及不同中心核的产生两方面整体介绍白矮星中心核。

3.1 白矮星中心核的分类

图 1.1 中的白矮星绝大多数都是碳氧核白矮星,但是质量很小的一端很可能是氦核白矮星,质量很大的一端则很可能是氧氖核或者氧氖镁核白矮星。

图 3.1 是著者在 2020 年的工作[34] 中得到的研究屏蔽库伦势在脉动白矮星 HS 0507+0434B 中的应用时的最佳星震学拟合模型的核组成轮廓和浮力频率图。该最佳拟合模型来自白矮星演化程序 WDEC。该图下子图垂直虚线左边为碳氧核,中间是氦包层,表面是氢大气。这是一颗 DA 型脉动白矮星,总质量为 $0.625M_\odot$,有效温度为 11 790 K。该白矮星

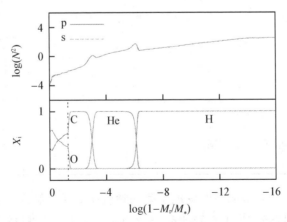

图 3.1 碳氧核白矮星核组成轮廓和浮力频率图[34]

的外包层结构只占白矮星总质量的千分之一。取如图 3.1 所示的横坐标可以更清晰地展示出白矮星的表面外包层结构信息。

恒星演化程序 MESA 是开源程序,可搜索 MESA home 进入官网下载安装。在 MESA 程序(如 8118 版本)路径 mesa/data/star_data/white_dwarf_models 中有演化生成的白矮星种子模型[35]。其中 $0.496M_\odot$ 的白矮星到 $1.025M_\odot$ 的白矮星为碳氧核白矮星,$0.150\sim0.400M_\odot$ 的白矮星为氦核白矮星,$1.259M_\odot$、$1.316M_\odot$ 和 $1.376M_\odot$ 的白矮星为氧氖核或者氧氖镁核白矮星。MESA 演化的白矮星信息列表如表 3.1 所示。由于年龄不能超过宇宙年龄,一般认为氦核白矮星来自双星演化(恒星结构与演化理论表明:质量越小的主序星演化得越慢,生成白矮星的年龄越大)。主序星质量和对应的演化生成的白矮星质量与星风物质损失率强相关。白矮星质量存在上限——钱德拉塞卡极限(约 $1.459\ M_\odot$)。

表 3.1　MESA 演化的白矮星信息列表[35]

白矮星中心核	对应的白矮星质量($M_\odot$)	来自主序星质量($M_\odot$)
^{4}He	$0.150\sim0.400$	1.5
^{12}C/^{16}O	0.496	0.8
	0.513	0.9
	0.522	1.0
	0.544	1.3
	0.567	2.0
	0.604	2.3
	0.611	2.5
	0.639	3.0
	0.734	3.5
	0.819	4.0
	0.856	5.0
	0.927	6.0
	1.025	7.0
^{16}O/^{20}Ne 或者^{16}O/^{20}Ne/^{24}Mg	1.259	8.0
	1.316	8.5
	1.376	8.7

2012 年,Hermes 等人发现了第一颗极端低质量脉动白矮星——氦核白矮星:SDSS J184037.78+642312.3[36]。这颗氦核白矮星的质量为 $0.17M_\odot$,有效温度为 9 100 K。厘米克秒单位制的重力加速度取以 10 为

底的对数为 $\log g = 6.22$。Jeffery 和 Saio 研究了氦核白矮星的理论振动周期、激发机制和演化通道[37]。质量小于 $0.5M_\odot$ 的白矮星年龄将超过当前宇宙年龄,极端低质量的白矮星应该是双星演化的产物,星震学有望揭开氦核白矮星的神秘面纱。将 $0.150M_\odot$ 的氦核白矮星种子模型放到 mesa/star/test_suite/wd_cool 模块中演化计算并画出轮廓图,如图 3.2 所示。该白矮星(有效温度为 11 297 K)中心氦丰度约为 98%,共有约 2% 的金属元素。

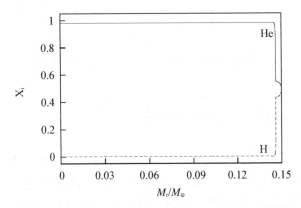

图 3.2　MESA 演化生成的 0.15$M_\odot$ 的氦核白矮星轮廓图

图 3.3 为使用 wd_cool 演化计算的 $1.316M_\odot$ 的氧氖核或氧氖镁核白矮星轮廓图。该白矮星(有效温度为 68 820 K)中心有 56.92% 的 ^{16}O、38.40% 的 ^{20}Ne、2.73% 的 ^{24}Mg 和 1.87% 的 ^{12}C。其余 0.08% 主要是 ^{28}Si。图 3.2 和图 3.3 以结构量质量作为横坐标,这样更方便观察恒星内部结构信息。白矮星的质量不超过钱德拉塞卡质量极限(约 $1.459M_\odot$)。

恒星演化程序 MESA 中包含大量的科学计算模块,可供开展恒星结构与演化和与之相关的科学研究工作。可逐一查看科学计算模块,寻找感兴趣的科学问题,然后搜索下载阅读相关文献,比较文献中展示的理论知识和程序模块计算的数值结果可使读者对科学问题理解得更深刻。理解到一定程度以后就会有自己的想法,可依赖程序计算开展初步研究。

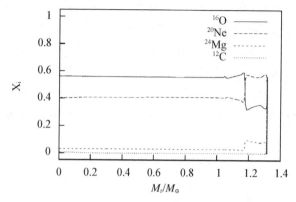

图 3.3　MESA 演化生成的 $1.316M_{\odot}$ 的氧氖核或氧氖镁核白矮星轮廓图

3.2　白矮星不同中心核的产生

从表 3.1 中可以看出,不同中心核的白矮星由不同质量的主序星演化而来。下面我们简要介绍恒星的热核反应即热核燃烧过程。一百多年以前,太阳的能量来源问题一直困扰着天文学家和物理学家。如果太阳能量源于太阳质量的化学能、引力势能或者其他形式的能量,那么以测量的太阳光度辐射为标准,太阳发光发热的状态所能维持的时间均较短。随着原子核放射性和核反应的陆续发现,人们很快意识到恒星内部的能量来源很可能是热核反应(也叫热核燃烧)。1967 年,诺贝尔物理学奖授予美国物理学家汉斯·贝特(Hans Bethe),奖励其对核反应的研究工作和对恒星能量来源问题的解释。

我们先介绍一下原子核的结合能。原子核的尺度以米为单位时,为 10^{-15} 数量级,原子核一般由带正电荷的质子和不带电的中子组成(氢原子核只包含一个质子)。正电荷之间的库仑斥力为长程力,属于电磁相互作用。原子核内核子之间的核力为短程力,属于强相互作用。将若干个核子结合成原子核放出的能量或者将原子核的全部核子分散开来所需的能量即为原子核的结合能。原子核的质量小于组成原子核的所有核子质量总和,用爱因斯坦质能方程即可算得原子核的结合能。原子核的结合能和核子数之比即每个核子的平均结合能称为比结合能。图 3.4 为比结合能与核子总数关系图[9]。^{56}Fe 是比结合能最大的原子核。比 ^{56}Fe 轻的轻核聚变为重核或者比^{56}Fe重的重核裂变为轻核时都会释放出结合能。热核反应是恒星结构与演化理论中的重要一环,更多信息可参考黄润乾先生的《恒星物理》[38]和李焱先生的《恒星结构演化引论》[9]。

恒星结构与演化理论表明原恒星遵照位力定理(virial theorem)塌缩释放引力势能,加热恒星内部气体同时也向恒星表面传递辐射能量。阻碍恒星内部热核聚变反应的主要物理因素是核子之间的库伦相互作用,因此恒星内部的核聚变反应总是从电荷数最少的原子核开始的。恒星内部的温度在逐渐升高,只有对应的热运动能量达到一定值时参加核反应的粒子才有望穿过库伦势垒。量子力学理论计算表明,热运动能量达到库伦势垒的千分之一时,量子隧道效应比较可观,原子核之间的核聚变反应即可发生。

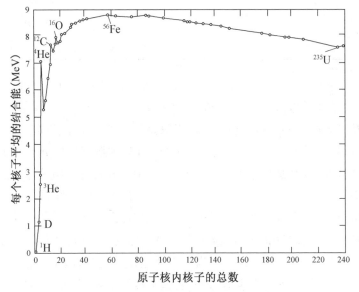

图 3.4　比结合能与核子总数关系图[9]

当恒星中心温度达$(1\sim3)\times10^7$ K 时,氢核聚变开始点燃,4 个氢核将聚变为 1 个氦核。氢是恒星内部最丰富的元素。氢燃烧速率相对较低,氢燃烧过程占据恒星寿命的 90% 左右。当恒星中心温度达到 10^8 K 时,氦核聚变开始点燃,3 个氦核将聚变为一个碳核。碳核将会继续俘获氦核生成氧核。氦燃烧占据恒星寿命的 10% 左右。当恒星中心温度达 8×10^8 K 时,两个碳核将聚变成一个处于激发态的镁核,镁核又很快衰变成氖核和钠核。当恒星中心温度达 $1.8×10^9$ K 时,两个氧核将聚变成一个处于激发态的硫核,硫核又快速衰变成磷核和硅核。碳燃烧和氧燃烧由于温度太高而寿命很短。当温度高于 $3×10^9$ K 时,硅燃烧开始,将产生原子量在 ^{28}Si 到 ^{56}Ni 之间的元素。参照李焱先生的《恒星结构演化引论》[9],将上述核反应点燃的原子核、温度临界值、主要产物原子核列在表 3.2 中。

表 3.2　恒星内部原子核聚变反应信息列表[9]

参加核聚变反应的原子核	临界温度值(K)	主要产物原子核
^{1}H	$(1～3)×10^7$	^{4}He
^{4}He	$1×10^8$	^{12}C
^{12}C	$8×10^8$	^{16}O、^{20}Ne、^{23}Na、^{23}Mg、^{24}Mg
^{16}O	$1.8×10^9$	^{24}Mg、^{28}Si、^{30}Si、^{30}P、^{31}P、^{31}S、^{32}S
^{28}Si	$3×10^9$	^{32}S、^{36}Ar、^{40}Ca、^{44}Ti、^{48}Cr、^{52}Fe、^{56}Ni

原子核物理是一门学科,具体的核聚变反应涉及核反应速率、核反应截面、量子隧道效应、电子屏蔽等诸多物理概念,涉及光子、中微子、正负电子及诸多原子核等微观粒子。这里只是简要地介绍了核聚变反应发生的临界温度。受中微子损失能量的影响,白矮星最高温度处有可能不是白矮星核中心,而是核中心附近。图 3.2 中的氦核白矮星(有效温度为 11 297 K)中心温度是 $1.59×10^7$ K,达不到氦核点燃温度。图 3.1 中的碳氧核白矮星(有效温度为 11 790 K)中心温度是 $1.10×10^7$ K,达不到碳点燃温度。图 3.3 中的氧氖核或者氧氖镁核白矮星(有效温度为 68 820 K)中心温度是 $1.11×10^8$ K,达不到氧点燃温度。白矮星的核反应已经停止了。另外,从有效温度来看,这三颗星都经过了相当长时间的白矮星冷却演化,中心温度已经降低了很多。

不同比例的中心核元素对研究具体的恒星结构与演化过程可能影响不太大。但是不同的中心核元素轮廓会产生不同的元素梯度,对浮力频率影响很大,进而对星震学模型理论振动周期的计算影响很大,影响星震学模型拟合结果。研究表明,白矮星中心核轮廓受前身星主序星对流超射、初始金属丰度、氦核燃烧时的半对流、喘息脉冲抑制以及具体的核反应速率等物理过程影响显著[39]。图 3.5 为 Salaris 等人在 2010 年的工作[39]中利用演化计算得到的不同质量的白矮星的中心核氧丰度轮廓图。其中,序号 1~7 代表的白矮星质量分别为:$0.54\,M_{\odot}$、$0.55\,M_{\odot}$、$0.61\,M_{\odot}$、$0.68\,M_{\odot}$、$0.77\,M_{\odot}$、$0.87\,M_{\odot}$ 和 $1.00\,M_{\odot}$。从图中可以看出,该演化的白矮星模型序列中心核处氧丰度为 0.60 左右。可利用精确的星震学模型拟合结果来限制白矮星中心核轮廓,进而研究前期演化物理过程。

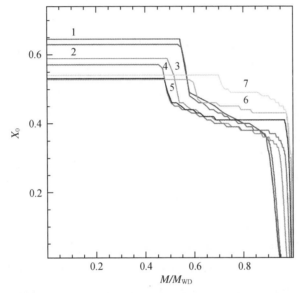

图 3.5　Salaris 等计算得到的不同质量的白矮星的中心核氧丰度轮廓图[39]

第 4 章

白矮星物态结构

第 2 章和第 3 章从组成物质角度分别介绍了白矮星的大气结构和中心核信息,本章节将从力学角度讲述白矮星的物态结构。

4.1 电子简并核

人们最初发现白矮星时觉得它非常奇怪,白矮星拥有与太阳同数量级的质量和富氢大气结构,却同时拥有与地球同数量级的体积。恒星结构与演化理论表明,恒星形成于巨大而稀薄的分子云中。分子云的引力初始时和分子的热运动大致平衡。引力的不稳定性会导致分子云向云核塌缩,云核质量增加,云核中心温度、密度、压强都会增加[9]。当云核中心压强和引力相抗衡时会建立起流体静力学平衡,此时一颗原恒星就诞生了。周围气体继续向原恒星下落,原恒星中心温度继续升高,当达到氢点燃温度时,热核反应开始产生,一颗零龄主序星就诞生了。白矮星体积明显小于主序星体积,它的力学结构是怎样的呢?

原子由原子核和核外电子组成。量子力学理论表明,核外电子呈概率云状分布,在玻尔轨道能级处电子出现的概率非常大。电子服从费米-狄拉克分布,是费米子,遵循泡利不相容原理,描述电子的波函数是反对称的。早在 1925 年,Fowler 和 Guggenheim 即用统计力学的规律研究了恒星内部的物质结构[40]。Chandrasekhar 应用统计物理学规律推导出电子简并压存在上限,能够平衡的引力也一定存在上限,也就是说,白矮星质量必然存在一个上限[41]。

一般采用多方模型描述恒星内部物态结构,即压强 P 和密度 ρ 之间存在如下关系:

$$P = K_0 \rho^{1+\frac{1}{n}} \tag{4.1}$$

其中,K_0 为常数,n 为多方指数。总质量相对较小的白矮星自由电子气体的运动速度是非相对论的,总质量相对较大的白矮星自由电子气体的运动速度是极端相对论的。统计物理规律计算表明非相对论和极端相对论情况下简并电子气体的压强 P_e 和密度 ρ 的关系式分别为[9]:

$$P_e = \frac{8\pi}{15m_e h^3}\left(\frac{3h^3}{8\pi\mu_e m_H}\right)^{5/3}\rho^{5/3} \qquad (4.2)$$

$$P_e = \frac{2\pi c}{3h^3}\left(\frac{3h^3}{8\pi\mu_e m_H}\right)^{4/3}\rho^{4/3} \qquad (4.3)$$

式中 m_e 为电子质量,m_H 为氢原子质量,h 为普朗克常数,μ_e 为电子的平均分子量。对于 ^{4}He,^{12}C,^{16}O 等,μ_e 取 2。对于 ^{56}Fe(26 个核外电子),μ_e 取 $56/26=2.15$。在非相对论情况和极端相对论情况下,多方指数 n 分别为 1.5 和 3。因此用多方模型描述任意质量的白矮星内部结构时,多方指数 n 取 1.5~3。从公式(4.2)和(4.3)中均可以看出,白矮星内部压强与温度无关。高速运动的电子使得白矮星中心核热传导导热系数非常大,可以说白矮星的中心核是个电子简并的等温核(离子的状态用理想气体模型近似)。电子提供了几乎全部的压力,而原子核或者说离子提供了几乎全部的质量。白矮星是极端致密天体,是研究极端物理规律的天然实验室。

4.2　钱德拉塞卡极限和 Ia 型超新星

利用非相对论情况下的多方模型($n=1.5$)计算恒星结构方程可获得白矮星质量和半径关系[9,42]:

$$M \propto \left(\frac{1}{R}\right)^3 \qquad (4.4)$$

即白矮星的质量越大半径(体积)越小,增加质量时需要减小半径来增加密度进而增大简并压力用来和增大的引力相抗衡。

利用相对论情况下多方模型($n=3$)计算恒星结构方程时半径项指数为零,获得白矮星极限质量[9,42]:

$$M_{ch} = \frac{5.836}{\mu_e^2}M_\odot \qquad (4.5)$$

对于 ^{4}He 核、^{12}C/^{16}O 核、^{16}O/^{20}Ne/^{24}Mg 核,平均分子量 $\mu_e=2$,白矮星的极限质量 $M_{ch}=1.459M_\odot$。对于 ^{56}Fe 核,平均分子量 $\mu_e=2.15$,白矮星的极限质量 $M_{ch}=1.262M_\odot$。随着白矮星质量的增加(比如从伴星吸积物质),从公式(4.4)可以看出,它的半径在逐渐减小。当白矮星质量趋于极限质量时,白矮星半径将趋于 0,密度将趋于无穷大,白矮星将被压缩成为一个奇点。因此,白矮星存在极限质量,不可能有超过该极限质量的白矮星存在。至今天文观测也没有发现超过此极限质量的白矮星。该理论于二十世纪三十年代由钱德拉塞卡(Chandrasekhar)提出[43,44],该白矮星质量极限被称为钱德拉塞卡极限。钱德拉塞卡对白矮星的理论研究工作获得了 1983 年的诺贝尔物理学奖。

对于碳氧核白矮星,如果处在双星系统中,并且伴星有星风物质损失或者 Roche 瓣物质交流,那么碳氧核白矮星就有可能不断吸积物质并达到钱德拉塞卡极限。白矮星处在双星系统中应该是常见的。在前面 2.2 小节讲述白矮星光谱的拟合时就曾提到过 Guo 等人在 2015 年的工作[32]中利用 LAMOST DR2 识别了 276 组白矮星加主序星组成的双星系统。其中,138 组白矮星加主序星双星系统是新认证识别的[32]。随着碳氧核白矮星不断吸积物质,当电子气体的简并压不足以和引力抗衡时,碳氧核开始均匀收缩、升温并发生失控式碳燃烧。失控式核燃烧过程会将气体加热到非常高的温度并产生爆轰(燃烧阵面超声速传播)和爆燃(燃烧阵面亚声速传播)过程,最终发生剧烈的膨胀,将整个恒星完全炸开,该过程被称为 Ia 型超新星爆发[38]。由于 Ia 型超新星爆发以前的质量都是钱德拉塞卡极限质量,因此 Ia 型超新星爆发产生的光度应该都一样,该光度可作为"标准烛光",用来探测遥远星系的距离。可以尝试使用 MESA 程序 mesa/star/test_suite 中的 wd_ignite 模块和 wd_o_ne_ignite 模块研究白矮星的点燃过程。和前面介绍过的方法一样,搜索并阅读 Ia 型超新星的有关文献。阅读程序模块的说明部分并尝试计算。将文献中的理论和程序计算过程相结合可以帮助使用者快速深入理解该物理过程。当使用者有了自己的想法后,可以依赖程序计算实现自己的想法,逐步开展更深入的研究工作。

4.3 理想气体大气

在白矮星表面一般有一个很薄的包层结构。在强大引力的作用下,外包层结构会出现重的元素(分子量大的元素)下沉,轻的元素(分子量小的元素)上浮的现象。图 3.1 的下子图展示了碳氧核白矮星的中心核结构,同时也展示了表面包层结构。中间是氦包层,表面是氢大气。由于白矮星的冷却时标很长,一般认为碳氦交界区和氦氢交界区已经达到扩散平衡了,可以取扩散平衡的交界轮廓。考虑到更精细的物理过程后可以计算白矮星冷却过程中的含时元素扩散过程。图 3.1 展示的是计算元素扩散过程时考虑纯净库伦势(pure Coulomb potential)和屏蔽库伦势(screened Coulomb potential)物理过程而得到的交界轮廓。

在白矮星的包层结构中如果出现了对流运动,那么在对流区内的物质将会发生混合。模型计算表明 DA 型脉动白矮星表面氢大气区域有极薄的对流区,DB 型脉动白矮星表面氦大气区域有极薄的对流区,DO 型脉动白矮星表面没有发现对流区。理论计算表明在 DA 型脉动白矮星脉动不稳定带的红端,对流驱动是有效的模式振动激发机制[45,46]。

白矮星外包层大气结构近似为理想气体,传热方式主要是辐射和对流。白矮星可近似为简并等温核加理想气体大气结构。理想气体物态方程如下:

$$P = nkT = \frac{\rho}{\mu}RT \tag{4.6}$$

式中 n 为粒子数密度,k 为玻尔兹曼常数,R 为普适气体常数,μ 为平均分子量。压强、温度、密度分别用 P、T、ρ 表示,这些结构量在白矮星中心核和包层结构交界处均应连续。令(4.2)式和(4.6)式相等即可消去压强,算得交界处的密度和温度的表达式。在外包层辐射平衡和流体静力学平衡假设下,采用 Kramers 不透明度公式[9]计算温度梯度公式并使用零边界条件积分可得:

$$P = \left(\frac{64\pi acGRM}{51\kappa_0\mu L}\right)^{1/2} T^{17/4} \tag{4.7}$$

式中,a 是黑体辐射的能量密度常数,c 为光速,G 为万有引力常数,R 为普适气体常数,M 是白矮星质量,L 为光度,μ 表示外包层的平均相对原子质量,参数 κ_0 的定义请参照《恒星结构演化引论》[9]中的相关内容。将公式(4.7)和(4.6)联立可获得大气结构的密度和温度表达式。再将该表达式和公式(4.2)和(4.6)联立获得的中心核和表面包层结构交界处的密度温度表达式联立,即算得交界面处的温度为:

$$T_{交界} \approx 6 \times 10^7 \left(\frac{L/L_\odot}{M/M_\odot} \right)^{\frac{2}{7}} \mathrm{K} \tag{4.8}$$

质量为 0.6 个太阳质量、光度为百分之一太阳光度的白矮星，它的中心核和表面包层交界面处的温度约为 1.86×10^7 K。由于高速运动电子的高效率导热性能，该温度也近似为白矮星中心核的温度。图 3.1 中碳氧核白矮星核中心温度为 1.10×10^7 K。质量为 0.6 个太阳质量、光度为万分之一太阳光度的白矮星，它的中心核温度约为 5.00×10^6 K。有了交界面处的温度即可计算交界面处的密度、压强等其他物理量。这些物理量的数值是电子简并核的外边界值和理想气体大气结构的内边界值。

高温电离大气的物态方程和态函数计算是复杂的。Fontaine 等人计算了部分电离区的氢大气（$X_H = 0.999$）、氦大气（$X_{He} = 0.999$）和碳大气（$X_c = 0.999$）的物态方程表格[47]。上述千分之九百九十九的丰度值被认为是接近纯氢大气、纯氦大气和纯碳大气的物态方程表格。部分电离混合大气的物态方程更为复杂，一般采用插值计算。比如氢氦交界区的物态方程表格一般根据氢和氦的丰度值比例使用纯氢、纯氦物态方程表格插值计算获得。著者在演化氦、碳、氧混合大气的 DOV 白矮星模型拟合 PG 1159−035 时就采用了插值方法计算了上述三种元素的混合大气物态方程表格[8]。

4.4 物态方程研究工作的思考

物态方程和热力学函数（内能、熵、焓、自由能和吉布斯函数等）的计算是基础中的基础。从事高校教师行业，任教量子力学课程和热力学与统计物理课程有助于夯实基础并为基础科学研究工作提供原初想法。科学研究工作是高校本科课程的应用，可指导学生将在该课程中学到的知识进行实际应用。比如量子力学课程中学过用线性谐振子模型模拟双原子分子（而恒星纯氢大气就是双原子分子）的振动，还学过用空间转子模型模拟转动。利用这些知识，可以用线性谐振子加空间转子模拟双原子分子的振动和转动过程，并用量子力学规律具体计算该微观模型的能量本征值、本征函数、简并度、微弱外电场中的非简并定态微扰（能量的一级修正、二级修正和波函数的一级修正）等[48]。另外，结合微观量子模型使用统计物理规律也解决了很多热容量的问题。比如采用经典能量均分定理计算的双原子分子气体等压热容量与等体热容量之比约为 1.29,而大多数气体的该实验值为 1.4。通过量子分析可知,常温时线性谐振子被冻结在零点能上,对热容量无贡献,忽略振动项,从而理论计算双原子分子气体等压热容量与等体热容量之比也为 1.4,与实验值相符。通过考虑核自旋也解释了低温氢的热容量问题。将线性谐振子和空间转子模型耦合在一起,通过统计物理规律可以计算耦合的粒子配分函数、热力学函数内能、熵、焓、自由能和吉布斯函数等[49]。使用微观量子模型替换掉经典物理模型,至少会带来热力学函数的修正。

　　基础研究工作耗时较长,见效较慢,但是很重要。基础研究工作者首先需要夯实基础,清晰地把握每一条物理规律的应用条件和适用范围;其次要准确地掌握天体物理模型中每一条假设的应用前提。微观量子模型满足能级准连续时可过渡为经典物理模型,如果现实条件不能用经典物理模型近似,那么微观量子修正就必不可少了。我个人认为应该鼓励青年科技工作者和学生们进行大胆的尝试,犯错误并不可怕,没有创新、探索、自强不息的精神才叫可怕。在白矮星演化程序 WDEC 中,碳氢交界区和氦氢交界区的程序计算过程采用了扩散平衡的轮廓(假定已经扩散平衡)。Su 等人在 2014 年的工作[50]中将 Thoul 等人[51]计算太阳内部元素扩散的程序模块加入到了 WDEC 程序中,采用含时扩散的轮廓演化 DA 型脉动白矮星网格模型并拟合了 DAV 白矮星 KUV 11370+4222。Thoul 等人计算太阳内部元素扩散的程序模块采用的是纯净库伦势[51]。而白矮星外包层处在高温、高密度和强引力场中,等离子体密度相对很高。采用有屏蔽效应的库伦势应该比纯净库伦势更符合客观物理实际。比如只有一个正点电荷,那么产生的电场是从该正点电荷出发到无穷远处终止。如果该正点电荷周围有很多负点电荷并且呈球状分布,那么该正点电荷电场从该正点电荷出发到负电荷处终止。原来到无穷远处终止的电场被屏蔽掉了。该原始物理规律并不复杂,但是要应用到白矮星的等离子体中就需要努力创新、大胆尝试、勇于实践。实际上,早在 1986 年,Paquette 等人研究恒星等离子体扩散系数时就表明,对于白矮星而言,采用屏蔽库伦势计算的碰撞积分可获得更精准的扩散系数[52]。以此为基础,本书著者大胆尝试,在 Su 等人[50]的工作基础上将 Thoul 等[51]计算太阳内部元素扩散程序模块中的纯净库伦势修改成了有屏蔽效应的库伦势,并开展了考虑纯净库伦势和屏蔽库伦势的星震学模型拟合研究的比较工作。同时大胆尝试申请了国家自然科学基金青年项目"屏蔽库伦势在脉动白矮星中的应用"。特别感谢国家自然科学基金委员会的大力支持。在同行评议环节中，有一位评议专家提出：如果能从物态方程的角度开展此工作，应该会获得更有潜力的研究前景。上述线性谐振子加空间转子模型的微观量子计算和配分函数计算以及热力学函数计算就是在为该工作做准备。科研路漫漫，吾辈当自强，路漫漫其修远兮，吾将上下而求索。

第 5 章

白矮星演化

上一章从力学角度描述了白矮星的物态结构,本章将从白矮星的冷却和主序星演化到白矮星两方面讲述白矮星的演化过程。

5.1 白矮星的冷却

白矮星的热核反应已经停止,白矮星的演化过程即冷却过程。最开始时收缩过程相对比较明显,后期冷却过程主导白矮星的演化。没有了中心核燃烧提供热量,残余的热量,主要是离子的热运动动能在电子简并核中通过热传导传递,或在狭窄的对流区内通过对流传热,亦或在理想气体大气层中以热辐射形式传递,最终逐步冷却降温。另外,在白矮星形成初期,高温高密度的中心核可能激发中微子,中微子直接逃离白矮星实现快速降温。中微子是轻子的一种,不带电,质量非常轻,接近光速运动,并且与其他物质的相互作用十分微弱。Winget 等用 DB 型脉动白矮星作为等离子中微子探测器强有力地检验了弱电理论[53]。

白矮星中心核温度很低时,离子之间的库伦相互作用能逐渐显著。当离子之间的库伦相互作用能与热运动动能相比拟时,离子从理想气体(中心核电子是简并的,离子是理想气体)变成库伦液体。当离子之间的库伦相互作用能超过热能约 180 倍时,离子由库伦液体变成结晶状固体并释放出相变潜热,此时离子只能在晶格点阵附近振动而不能进行自由热运动。恒星结构与演化理论表明,白矮星结晶相变发生的温度和密度的三分之一次幂成正比,和分子量的三分之五次幂成正比[9,38]。因此低温碳氧核白矮星中的氧元素会先发生结晶并将碳挤出中心区域释放引力势能。图 5.1 为 Romero 等人研究大质量 DA 型脉动白矮星的星震学时给出的碳氧核白矮星的结晶核轮廓图和浮力频率图[54]。该图中白矮星质量为 $0.998 M_\odot$,对应有效温度和结晶质量百分比已展示在浮力频率子图中。从图中可以看出,当该白矮星冷却到约 12 000 K 时中心核开始发生结晶,随着中心核的结晶程度逐渐增大,氧元素逐渐向核中心区域聚集,并把碳元素挤向核表面区域。

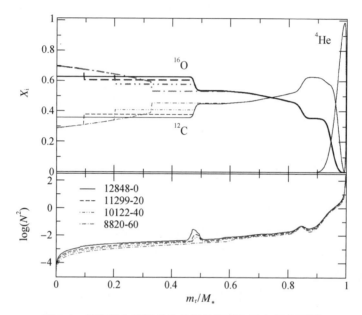

图 5.1　碳氧核白矮星的结晶核轮廓图和浮力频率图[54]

恒星的辐射近似用黑体辐射公式表示:

$$L = 4\pi R^2 \sigma T_{eff}^4 \qquad (5.1)$$

σ 为斯特潘-玻尔兹曼常数。将黑体辐射公式两端取对数,并考虑公式(4.4)质量和半径的关系可得:

$$\log \frac{L}{L_\odot} = 4\log T_{eff} - \frac{2}{3}\log \frac{M}{M_\odot} + C \qquad (5.2)$$

式中 C 表示常数。由公式(5.2)可以看出质量越大的白矮星冷却轨迹光度越低。图 5.2 为使用恒星演化程序 MESA 中的 mesa/star/test_suit/wd_cool 模块演化 mesa/data/star_data/white_dwarf_models 中的 $0.513M_\odot$、$0.611M_\odot$、$0.734M_\odot$、$0.819M_\odot$ 的白矮星种子模型得到的白矮星冷却曲线。从图 5.2 中可以看出,质量越大的白矮星冷却轨迹光度越低。该结论和第 1 章 1.5 小节中通过表 1.2 和表 1.3 归纳出的结论一致。

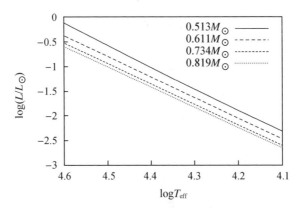

图 5.2　MESA 程序计算的不同质量的白矮星冷却过程赫罗图

白矮星的冷却对脉动白矮星振动模式的周期变化率会产生如下影响[55]：

$$\frac{\dot{P}}{P} \approx -\frac{1}{2}\frac{\dot{T}_{\mathrm{m}}}{T_{\mathrm{m}}} + \frac{\dot{R}}{R} \tag{5.3}$$

式中，P 为振动周期，T_{m} 为白矮星最大温度（核中心或者附近处温度），R 为白矮星半径。字母上面的一点代表该量的变化率。在白矮星冷却过程中，温度降低，脉动周期会增加，周期变化率为正数。

利用理论模型计算可以演化时间间隔不太长的两个同参数白矮星模型，分别计算出理论脉动周期，再用两个模型的脉动周期差除以两个模型的年龄间隔即可获得脉动周期变化率的理论计算值。

观测周期的变化率可用 Taylor 公式求得。令 T 为观测脉动模式的光极大时刻，E 为光极大的次数，P_0 为脉动周期。则有如下公式：

$$P_0 = \frac{\mathrm{d}T}{\mathrm{d}E} \tag{5.4}$$

另外，可以计算出光极大时刻对光极大次数的二阶导数为：

$$\frac{\mathrm{d}^2 T}{\mathrm{d}E^2} = \mathrm{d}\left(\frac{\mathrm{d}T}{\mathrm{d}E}\right)/(\mathrm{d}E) = \frac{\mathrm{d}P}{\mathrm{d}T}\frac{\mathrm{d}T}{\mathrm{d}E} = \dot{P}P_0 \tag{5.5}$$

将光极大时刻对光极大次数用 Taylor 公式展开，忽略三阶导数及更高阶项可得：

$$T = T_0 + \frac{\mathrm{d}T}{\mathrm{d}E}E + \frac{1}{2!}\frac{\mathrm{d}^2 T}{\mathrm{d}E^2}E^2 = T_0 + P_0 E + \frac{1}{2}\dot{P}P_0 E^2 \qquad (5.6)$$

用数十年观测获得的脉动模式的观测光极大时刻对光极大次数作图并用二次函数进行拟合,二次函数开口的程度即反映了脉动模式的周期变化率信息。随着白矮星的冷却,脉动模式的周期在一点点地增加,观测光极大时刻也在一点点地增加,而理论计算固定周期的光极大没有增加。因此,该测量周期变化率的方法被称为 O-C(观测光极大减去计算光极大)方法。图 5.3 为 Kepler 等人在 2005 年的工作[56]中计算得到的 DA 型脉动白矮星 G 117—B15A 的 215 秒脉动模式历时约 30 年的 O-C 图。对图中光极大点进行拟合得到的抛物线开口向上,即周期变化率为正值。应用公式(5.6)可得该 215 秒脉动模式的周期变化率。DA 型脉动白矮星的脉动周期变化率为 10^{-15} s/s 数量级,DB 型脉动白矮星的脉动周期变化率为 10^{-14} s/s 数量级,DO 型脉动白矮星的脉动周期变化率为 10^{-11} s/s 数量级[57]。显然,该研究方法需要长时间观测极其稳定的振动模式。而且振动模式可能存在的非线性相互作用会对测量结果造成一定程度的“污染”。

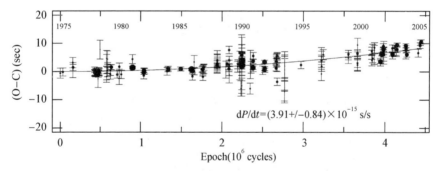

图 5.3　DA 型脉动白矮星 G 117—B15A 的 215 秒脉动模式
历时约 30 年的 O-C 图[56]

　　著者在 2017 年的工作[58]中计算了 DA 型脉动白矮星的网格化参数模型和对应的理论振动周期并用振动周期拟合了 DA 型脉动白矮星 G 117—B15A 和 R548 的观测模式。同时计算了最佳拟合模型的脉动周期变化率,理论计算的脉动周期变化率和 O-C 方法获得的观测周期变化率在误差允许范围内也吻合,如表 5.1 所示。观测获得的脉动周期和周期变化率可以对理论模型提出双重限制。这需要更可靠的模式认证工作和更精确的星震学模型拟合工作,利用这些工作的结果,基于最佳拟合模型进行理论计算得到的周期变化率才更有说服力。

表 5.1　对 DAV 白矮星 G 117—B15A 和 R548 的脉动周期以及对应周期变化率的拟合[58]

Star	P_{obs} [s]	$\dot{P}_{obs}$ $[10^{-15}\,\mathrm{s \cdot s^{-1}}]$	$P_{cal}(l, k)$ [s]	$\dot{P}_{cal}$ $[10^{-15}\,\mathrm{s \cdot s^{-1}}]$
G 117—B15A	215.20		213.86(1,1)	4.19
	270.46	4.19±0.73	270.92(1,2)	2.40
	304.05		305.85(1,3)	3.96
R548	187.28		190.42(2,3)	2.25
	212.95		214.41(1,1)	4.21
	217.83	3.3±1.1	218.82(2,4)	3.75
	274.51		272.48(1,2)	2.15
	318.07		317.97(1,3)	5.39
	333.64		331.13(1,4)	4.02

Córsico 等人在 2012 年的工作[59]中拟合 DA 型脉动白矮星 R548 获得的理论计算脉动周期变化率数值明显小于 O-C 方法获得的观测脉动周期变化率数值。这表明白矮星内部的某种冷却降温机制可能没有被考虑到。白矮星内部可能存在轴子(一种暗物质粒子候选体)冷却降温机制。根据理论计算脉动周期变化率数值比观测获得脉动周期变化率数值小的程度可计算轴子的质量。然而目前的演化的白矮星模型对 100～1 000 s 的观测脉动周期的拟合误差一般在 2 秒数量级,还不太精确,精确星震学还有很长的一段路要走。

要演化更符合物理条件的白矮星模型理论上应该会朝着精确星震学的方向前进。白矮星的中心核轮廓离不开前期的恒星结构与演化过程。只考虑白矮星的冷却过程还不够,还需要计算前期的演化过程。白矮星演化程序 WDEC 不计算热核燃烧,只计算白矮星的冷却过程。在未来的改进工作中,考虑热核燃烧的核组成轮廓是合理的选择。

5.2　主序星演化到白矮星

将主序星按照恒星质量分类:质量小于约 $2.2\,M_{\odot}$ 的主序星称为小质量恒星;质量大于约 $2.2\,M_{\odot}$ 小于约 $9.0\,M_{\odot}$ 的主序星称为中等质量恒星;

质量大于约 $9.0\,M_\odot$ 的主序星称为大质量恒星[9,38]。小质量恒星的中心氦核在点燃以前是电子简并的，中等质量恒星的中心碳氧核点燃以前是电子简并的，大质量恒星的中心核在成为铁核以前都是非简并的。这里说的点燃需要达到相应核元素发生聚变的点燃温度，达不到点燃温度就不会点燃。绝大多数中小质量恒星都将演化成为白矮星。演化生成的白矮星质量均小于钱德拉塞卡极限质量。参照表格 3.1 和图 1.1，质量较小的白矮星为氦核白矮星，质量较大的白矮星为氧氖核或者氧氖镁核白矮星，质量居中的白矮星为碳氧核白矮星。

以小质量恒星的演化为例，图 5.4 为使用 mesa/star/test_suite/1M_pre_ms_to_wd 程序模块（MESA 版本为 8118）演化的 $1.0\,M_\odot$ 的主序星到白矮星阶段的赫罗图。一般小质量恒星演化需要经历主序星、红巨星、水平分支星、渐近巨星、行星状星云阶段，最终变成白矮星。在演化图 5.4 之前，先将 inlist 控制文件中的 create_pre_main_sequence_model 设置为 false，这样便可以直接从零年龄主序星开始演化。演化结束命令受白矮星光度控制，将 log_L_lower_limit 设置为 -3，即白矮星光度小于太阳光度的千分之一时演化结束。所以图 5.4 中的白矮星冷却到了纵坐标为 -3 的位置。恒星的初始质量为 $1.0\,M_\odot$，氢丰度为 0.70，氦丰度为 0.28，金属丰度为 0.02，其他参数均为默认设置。最后 $1.0\,M_\odot$ 的主序星演化成了 $0.517\,M_\odot$ 的碳氧核白矮星。该白矮星的有效温度为 8 543 K，半径为太阳半径的 1.4%，中心温度取对数为 $\log T = 6.86$，重力加速度取对数为 $\log g = 7.86$[CGS]。由此可见，白矮星质量与太阳质量数量级

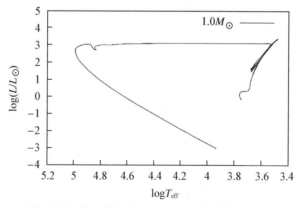

图 5.4　利用 MESA 软件得到的 $1.0M_\odot$ 主序星演化到白矮星的赫罗图

相同,体积与地球体积数量级相同,白矮星为高密度、大重力加速度的致密天体。

　　该白矮星从零年龄主序星开始算起的总年龄为 134.78 亿年,勉强小于宇宙的年龄(约 138 亿年)。在赫罗图的高温端,白矮星从约 97 796 K 开始冷却,对应的恒星年龄为 123.65 亿年。即白矮星的冷却过程占据了 11.13 亿年,白矮星的确是宇宙的活化石。97 796 K 的白矮星对应的半径为太阳半径的 6.5%,白矮星的冷却过程也伴随着收缩过程,冷却前期收缩过程相对显著。冷却过程的开始对应的中心温度为 $\log T = 7.99$,即中心核熄火、开始冷却降温时的温度。

　　使用演化模型可以研究更精细的恒星结构与演化物理过程,如核反应、对流、辐射、物态结构、星风物质损失等物理过程。恒星结构与演化过程是比较复杂的物理过程。进行模型演化前需要合理设置输入参数。如果输入参数不合理(比如星风物质损失率设置得太小),经过好几个月的计算也不能把主序星演化成为白矮星。这就需要科研工作者们认真学习黄润乾先生的《恒星物理》[38] 和李焱先生的《恒星结构演化引论》[9] 并认真阅读程序说明以及相关参考文献。对于初学者,建议先使用默认参数设置,循序渐进、逐步入门。Miller Bertolami 和 Althaus 使用恒星演化程序 LPCODE(将在第 7 章中介绍)研究了 PG 1159 类型恒星的全演化模型,并拟合了恒星演化过程中的晚期热脉冲、极晚期热脉冲以及再燃烧过程,如图 5.5 所示[60]。在极晚期热脉冲过程中,壳层氦燃烧导致的对流区逐步向外发展,燃烧掉大部分氢,驱使恒星在赫罗图中快速回到渐近巨星分支并最终成为行星状星云中心恒星。极晚期热脉冲过程被认为是燃烧掉白矮星表面氢生成 DB 型白矮星的有效机制。

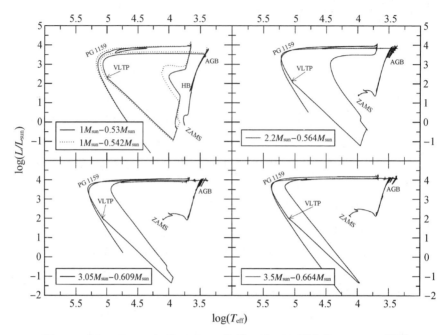

图 5.5　Miller Bertolami 和 Althaus 使用 LPCODE 研究的 PG 1159 类型
恒星全演化模型，VLTP 为极晚期热脉冲[60]

第6章

白矮星振动

上一章从白矮星的冷却和主序星演化到白矮星两方面讲述了白矮星的演化过程。本章首先简要介绍星震学，然后再介绍白矮星振动，最后对白矮星振动开展初步分析。

6.1 星震学简介

星震学是利用探测到的恒星振动频率研究恒星内部结构的科学。受到日震学成功的巨大鼓舞，星震学在近 40 年的时间里取得了丰硕的成果。星震学为人类研究恒星内部结构打开了一扇门。

在恒星内部，气体压力和引力抗衡，使恒星维持流体静力学平衡状态。如果压力或者引力出现某种小的扰动造成小体积元偏离流体静力学平衡状态，那么就会有恢复力出现并产生振动波。由压力扰动产生的振动波为纵波，这种波类似于声波，该振动称为 p 模式振动。由引力扰动产生的振动波为横波，这种波类似于重力内波，该振动称为 g 模式振动。恒星的 p 模式振动和 g 模式振动是最常见的恒星脉动现象。恒星内部的微观扰动发展成为宏观的脉动现象需要激发机制产生的振动动能大于阻尼机制耗散掉的振动动能。恒星内部的激发机制是指自激放大机制。通俗地讲，就像我们使用话筒讲话时不小心站在了音响喇叭下面，这样我们讲的话进入话筒后从喇叭出来，然后又直接进入话筒，声音经过多次循环放大最终变成了刺耳的噪声。常见的恒星脉动激发机制有热核反应区的 ε 机制、电离区（辐射平衡的）的 κ 机制、对流区的对流阻塞机制等[61]。

Handler 在 2013 年的工作[62]中总结了约 40 年前（和 2013 年比较，左图）和 2013 年时（右图）的不同种类的脉动变星在赫罗图中的分布，如图 6.1 所示。40 多年以来，星震学发展迅速，取得了丰硕的成果。主序分支上的脉动变星种类也变得丰富起来了，在白矮星冷却分支上也发现了多种类型的脉动白矮星，主序分支和白矮星冷却线之间也多了一些种类的脉动变星。可供研究的脉动变星种类和数量增加了很多，使人类有机会更准确深入地研究各类型脉动天体的内部结构，星震学的蓬勃发展将直接促进天文学的蓬勃发展。在图 6.1 的右图中可以看出在恒星演化的各个阶段几乎都分布着丰富的脉动变星，所以说星震学为人类研究恒星内部结构打开了一扇门。

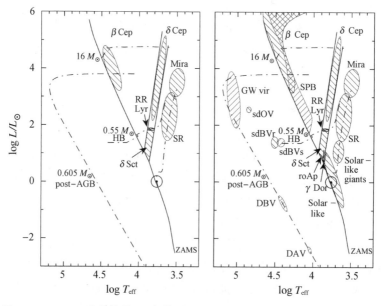

图 6.1　Handler 总结的约 40 年前（和 2013 年比较，左图）和 2013 年时（右图）的不同种类的脉动变星在赫罗图中的分布[62]

表 6.1 是 Handler 总结的各类脉动变星脉动周期和最早发现或者定义列表[62]。脉动周期较长的可达年的数量级，如米拉变星（Mira variables）。较短的只有几分钟，如太阳著名的 5 分钟震荡。米拉变星一般有一个脉动周期，著者和舒虹使用楚雄师范学院 40 cm 科普望远镜于 2018 年 5 月和 10 月分别拍摄了狮子座米拉变星 R Leo[7]。通过和周边亮度不变的恒星相比较可以发现 R Leo 的亮度发生了好几个星等的变化。

表 6.1　Handler 总结的各类脉动变星脉动周期和最早发现或者定义列表[62]

Name	Approx. Periods	Discovery/Definition
Mira variables	100～1 000 d	Fabricius (1596)
Semiregular (SR) variables	20～2 000 d	Herschel(1782)
δ Cephei stars	1～100 d	1784，Pigott，Goodricke (1786)
RR Lyrae stars	0.3～3 d	Fleming (1899)
δ Scuti stars	0.3～6 d	Campbell & Wright (1900)
β Cephei stars	2～7 h	Frost (1902)
ZZ Ceti stars (DAV)	2～20 min	1964，Landolt (1968)
GW Virginis stars (DOV)	5～25 min	McGraw et al. (1979)
Rapidly oscillating Ap (roAp) stars	5～25 min	1978，Kurtz (1982)
V777 Herculis stars (DBV)	5～20 min	Winget et al. (1982)
Slowly Pulsating B (SPB) stars	0.5～3 d	Waelkens & Rufener (1985)
Solar-like oscillators	3～15 min	Kjeldsen et al. (1995)
V361 Hydrae stars (sdBVr)	2～10 min	1994，Kilkenny et al. (1997)
γ Doradus stars	0.3～1.5 d	1995，Kaye et al. (1999)
Solar-like giant oscillators	1～18 hr	Frandsen et al. (2002)
V1093 Herculis stars (sdBVs)	1～2 hr	Green et al. (2003)
Pulsating subdwarf O star (sdOV)	1～2 min	Woudt et al. (2006)

图 6.2 为来自美国变星观测者协会（AAVSO）的米拉变星 OMI CET（鲸鱼座）的亮度变化图，横坐标以日为单位，纵坐标是星等。从图中可以看出，这颗星的周期约为 330 天，即 11 个月。早在 1596 年 8 月，David Fabricius 牧师就发现了这颗 2 等星的亮度在下降，10 月份这颗星消失不见了，后又重复出现，被命名为"Mira"。

大部分脉动变星具有多个脉动模式，获得观测光变曲线后需要数学处理（如傅里叶变换）提取观测模式。一般观测获得的脉动白矮星的脉动周期为几个或者十几个（有些为几十个），能够比较有效地约束拟合模型。p 模式和 g 模式是最常见的恒星脉动模式。恒星振动的渐近分析表明对于不同的径向节点数 k，p 模式振动有等频率间隔的渐近行为，g 模式振

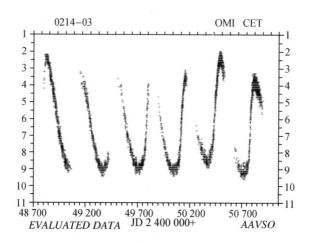

图 6.2　来自美国变星观测者协会的米拉变星 OMI CET 的亮度变化图

动有等周期间隔的渐近行为,如公式(6.1)和(6.2)所示:

$$\nu_{kl} = \frac{\omega_{kl}}{2\pi} \approx \left(k + \frac{l}{2} + \alpha + \frac{1}{4}\right) \frac{1}{2\int_0^R \frac{\mathrm{d}r}{c_s}} \tag{6.1}$$

$$\Pi_{k,l} = \frac{2\pi^2}{L} \left(k + \frac{l}{2} + \alpha_g\right) \frac{1}{\int_{r_1}^{r_2} N \frac{\mathrm{d}r}{r}} \tag{6.2}$$

其中,c_s 为声速,N 为浮力频率,k 是径向驻波节点数,l 是球谐度,α 和 α_g 是相位系数。上述关系式常用来对 p 模式和 g 模式开展模式认证工作。可靠的模式认证工作是有效地进行模型拟合工作的前提。

按照公式(1.1)所描述的,依据恒星自转导致的振动频率分裂关系($\delta\nu_{k,1}/\delta\nu_{k,2}/\delta\nu_{k,3}=0.6/1.0/1.1$)也可以有效地进行模式认证。Chen 等人基于 δ Scuti 型变星 COROT 102749568 的自转认证了 21 组可能的频率分裂,包含 4 组转动三分裂模式($l=1$)、9 组转动五分裂模式($l=2$)和 8 组转动 7 分裂模式($l=3$),如表 6.2 所示[63]。在表中可以看出,平均而言,$\delta\nu_{k,1}=4.451\ \mu Hz$,$\delta\nu_{k,2}=7.453\ \mu Hz$,$\delta\nu_{k,3}=8.176\ \mu Hz$,那么计算 $\delta\nu_{k,1}/\delta\nu_{k,2}/\delta\nu_{k,3}=0.597/1.000/1.097$,和理论计算值很接近。另外,Chen 等人还认证了一个径向振动频率($n_p=1$)[63]。三组完备的非径向三分裂模式(混合模式)主要用来限制该 δ Scuti 变星的氦核大小,一个径向振动模式主要用来限制该恒星的外壳层大小。Chen 等人获得的最佳拟合模

型参数见表 $6.3^{[63]}$，该最佳拟合模型在有效温度对重力加速度图中的演化轨迹见图 $6.3^{[63]}$。这是一颗 $1.54\,M_{\odot}$ 的小质量恒星，且刚刚离开主序演化阶段。中心氦核大小为 $0.148\,M_{\odot}$，中心氦核半径为 $0.0581\,R_{\odot}$。氦核质量是恒星总质量的 9.6%，氦核半径是恒星半径的 2.0%。这些结果说明星震学在探测恒星内部结构上拥有巨大的潜力。另外，还可以以该研究结果为指导开展恒星结构与演化初步研究，比如演化不同质量的主序星到达主序后位置然后比较生成的氦核大小、氦核半径大小、氦核质量所占的比例、氦核大小所占的比例等。

表 6.2　Chen 等人分析的 δ Scuti 型变星 COROT 102749568 的 21 组频率分裂[63]

Multiplet	ID	Freq. (μHz)	$\delta\nu$ (μHz)	l	m
1	f_{10}	106.152	4.485	1	-1
	f_{12}	110.637	4.399	1	0
	f_{14}	115.036		1	$+1$
2	f_{31}	162.625	4.382	1	-1
	f_{34}	167.007	4.478	1	0
	f_{35}	171.485		1	$+1$
3	f_{41}	192.909	4.594	1	-1
	f_{43}	197.503	4.395	1	0
	f_{44}	201.898		1	$+1$
4	f_{5}	87.275	8.874	1	-1
	f_{6}	96.149		1	$+1$
5	f_{8}	100.779	7.593	2	$(-2,-1,0)$
	f_{11}	108.372	7.500	2	$(-1,0,+1)$
	f_{16}	115.872		2	$(0,+1,+2)$
6	f_{9}	102.072	22.499	2	-2
	f_{21}	124.571	7.457	2	$+1$
	f_{23}	132.028		2	$+2$
7	f_{2}	65.541	7.437	2	$(-2,-1,0,+1)$
	f_{3}	72.978		2	$(-1,0,+1,+2)$
8	f_{32}	164.262	7.376	2	$(-2,-1,0,+1)$
	f_{36}	171.638		2	$(-1,0,+1,+2)$
9	f_{33}	164.855	7.388	2	$(-2,-1,0,+1)$
	f_{37}	172.243		2	$(-1,0,+1,+2)$

(续表)

Multiplet	ID	Freq. (μHz)	$\delta\nu$ (μHz)	l	m
10	f_{39}	189.056	14.596	2	$(-2,-1,0)$
	f_{45}	203.652		2	$(0,+1,+2)$
11	f_{18}	122.559	22.375	2	$(-2,-1)$
	f_{28}	144.934		2	$(+1,+2)$
12	f_{42}	194.179	22.579	2	$(-2,-1)$
	f_{47}	216.758		2	$(+1,+2)$
13	f_{48}	222.367	29.712	2	-2
	f_{51}	252.079		2	$+2$
14	f_{22}	125.296	8.157	3	$(-3,-2,-1,0,+1)$
	f_{24}	133.453	8.312	3	$(-2,-1,0,+1,+2)$
	f_{27}	141.765		3	$(-1,0,+1,+2,+3)$
15	f_{15}	115.706	8.106	3	$(-3,-2,-1,0,+1,+2)$
	f_{20}	123.812		3	$(-2,-1,0,+1,+2,+3)$
16	f_{17}	117.666	16.405	3	$(-3,-2,-1,0,+1)$
	f_{25}	134.071		3	$(-1,0,+1,+2,+3)$
17	f_{49}	233.083	16.642	3	$(-3,-2,-1,0,+1)$
	f_{50}	249.725		3	$(-1,0,+1,+2,+3)$
18	f_{26}	134.762	24.215	3	$(-3,-2,-1,0)$
	f_{30}	158.977		3	$(0,+1,+2,+3)$
19	f_{1}	64.936	32.002	3	$(-3,-2,-1)$
	f_{7}	96.938		3	$(+1,+2,+3)$
20	f_{19}	122.769	32.611	3	$(-3,-2,-1)$
	f_{29}	155.380		3	$(+1,+2,+3)$
21	f_{38}	176.285	33.423	3	$(-3,-2,-1)$
	f_{46}	209.708		3	$(+1,+2,+3)$

表注:$\delta\nu$ 为频率变化量,以 μHz 为单位。

表 6.3　Chen 等人获得的 δ Scuti 型变星 COROT 102749568 的
最佳拟合模型参数[63]

Parameter	Values
$M/M_\odot$	1.54 ± 0.03
Z	0.006
f_{ov}	0.004 ± 0.002
$T_{eff}(K)$	$6\,886\pm70$
$\log g$	3.696 ± 0.003
$R/R_\odot$	2.916 ± 0.039
$L/L_\odot$	17.12 ± 1.13
$M_{He}/M_\odot$	0.148 ± 0.003
$R_{He}/R_\odot$	$0.058\,1\pm0.000\,7$

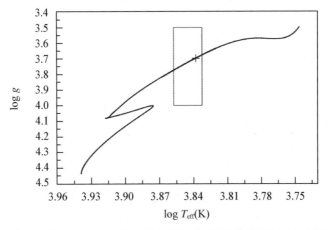

图 6.3　Chen 得到的最佳拟合模型在有效温度对重力加速度图
中的演化轨迹,加号为最佳拟合模型的位置[63]

6.2　白矮星振动简介

白矮星是 g 模式脉动体。白矮星的振动一般认为是表面电离区的 κ
机制,低温 DAV 白矮星的脉动被认为是来源于对流激发。白矮星的脉
动激发机制依然是当前研究的热点问题,还在发展和探索中。2009 年,

Córsico 等对天文学家们已经发现了的 6 颗 DOV 白矮星、20 颗 DBV 白矮星和 145 颗 DAV 白矮星[64]进行了统计。十年过后,Córsico 等人在 2019 年的工作[65]中再次进行统计,发现科学家们已经识别了 9 颗 DOV 白矮星、39 颗 DBV 白矮星和 250 颗 DAV 白矮星[65]。同时 Córsico 等人也报道科学家已经发现了 11 颗极端低质量白矮星变星(ELMV)[65]。这些脉动白矮星的发现为白矮星星震学研究工作提供了丰富的研究目标。

观测获得的 DOV 白矮星的视星等约为 14～17 等,有效温度约为 80 000～160 000 K,重力加速度 $\log g$ 约为 7.3～7.7[CGS],脉动周期约为 300～2 600 s,表面大气主要成分为 C/O/He 混合大气,振幅约为 0.02～0.1 星等。表 6.4 为 Costa 等人在 2008 年的工作[12]中使用全球望远镜 WET 的多年(1983、1985、1989、1993、2002)观测数据认证识别的 DOV 白矮星 PG 1159－035 的 $l=1$ 的观测模式。这颗白矮星拥有丰富的观测模式并伴有明显的频率分裂特征,可以十分有效地约束拟合模型。著者在 2019 年的工作[8]中使用 MESA 演化高温白矮星并把中心核加入到 WDEC 中,采用和光谱结果一致的大气成分比例($X_C/X_{He}/X_O=50/33/17$,关闭元素扩散程序计算模块),使用 WDEC 程序演化网格高温 DOV 白矮星模型,计算理论振动周期并拟合了 PG 1159－035 的 20 个 $l=1$,$m=0$ 和 9 个 $l=2$,$m=0$ 的观测模式,获得平均拟合误差为 1.97 s。如此多的观测模式还能够获得 2 秒数量级的拟合误差,说明该理论模型的基本参数可以反映目标白矮星的宏观参数。最佳拟合模型的参数为 $T_{eff}=$ 129 000 K,$M_*=0.630\ M_\odot$,$\log g=7.59$[CGS][8]。

表 6.4　Costa 等人使用 WET 数据认证识别的 DOV 白矮星
PG 1159－035 的 $l=1$ 的观测模式[12]

$k\pm2$	m	Period (s)	Freq. (μHz)	Ampl. (mma)	Confid. Level	W91 (l,m)
	+1	389.72	2 565.94	0.2	5	29
14	0	390.30	2 562.13	1.0	1	2,−2
	+1	390.84	2 558.59	0.2	5	29
	+1					
15	0	412.01	2 427.13	0.6	1	
	−1	413.14	2 420.49	0.2	3	

（续表）

$k\pm2$	m	Period (s)	Freq. (μHz)	Ampl. (mma)	Confid. Level	W91 (l,m)
16	+1	430.38	2 323.53	0.3	5	
	0	432.37	2 312.83	0.5	3	
	−1	434.15	2 303.35	0.5	3	
17	+1	450.83	2 218.13	3.5	1	1,0：
	0	452.06	2 212.10	3.0	1	
	−1	453.24	2 206.34	1.0	1	(1)，?
18	+1					
	0	472.08	2 118.29	0.4	3	
	−1	475.45	2 103.27	0.3	3	
19	+1	493.79	2 025.15	1.5	1	1,+1
	0	494.85	2 020.81	0.7	1	1,0
	−1	496.00	2 016.13	0.2	3	1,−1
20	+1	516.04	1 937.83	7.2	1	1,+1
	0	517.16	1 933.64	4.2	1	1,0
	−1	518.29	1 929.42	3.2	1	1,−1
21	+1	536.92	1 862.47	0.5	1	1,+1
	0	538.14	1 858.25	0.6	1	1,0
	−1	539.34	1 854.12	1.0	1	1,−1
22	+1	557.13	1 794.91	2.0	1	1,+1
	0	558.14	1 791.67	2.4	1	1,0
	−1	559.71	1 786.64	1.0	1	1,−1
23	+1	576.03	1 763.02	0.1	5	
	0	579.12	1 726.76	0.1	5	2,−1：
	−1	581.67	1 718.18	0.1	5	
24	+1	601.44	1 662.66	0.3	5	1,+1
	0	603.04	1 658.25	0.2	5	1,0
	−1	604.72	1 653.66	0.2	5	1,−1
25	+1	621.45	1 609.07	0.2	5	1,+1
	0	622.00	1 607.72	0.3	3	1,0
	−1	624.36	1 601.64	0.3	5	1,−1
26	+1	641.54	1 558.75	1.0	1	1,+1
	0	643.31	1 554.46	0.5	1	1,0
	−1	644.99	1 550.41	0.8	1	1,−1

$k\pm 2$	m	Period (s)	Freq. (μHz)	Ampl. (mma)	Confid. Level	W91 (l,m)
	+1	664.43	1 505.34	0.3	3	1,+1
27	0	668.09	1 496.80	0.3	3	1,−1
	−1	672.21	1 487.63	0.3	3	
	+1	685.79	1 458.17	0.3	2	1,+1
28	0	687.74	1 454.04	0.4	1	1,0
	−1	689.75	1 449.80	0.5	1	1,−1
	+1	705.32	1 417.80	0.8	1	1,+1
29	0	709.05	1 410.34	0.3	5	1,0
	−1	711.58	1 405.32	0.4	3	
	+1	727.09	1 375.36	0.7	1	1,+1
30	0	729.51	1 370.78	0.3	2	1,0：
	−1	731.45	1 367.15	1.0	1	1,−1：
	+1	750.56	1 332.34	1.6	1	
31	0	752.94	1 328.13	—	6	1,−1
	−1	755.31	1 323.96	0.3	2	
	+1					
32	0	773.74	1 292.42	0.3	3	1,0
	−1	776.67	1 287.55	0.4	3	1,−1
	+1	790.26	1 265.41	1.4		
33	0	791.80	1 262.95	—	6	
		793.34	1 260.49	0.8	1	1,−1
	+1	812.57	1 230.66	0.4	2	2,?
34	0	814.58	1 227.61	0.4	3	1,+1
	−1	817.40	1 223.39	0.2	3	1,0
	+1	835.34	1 197.12	0.3	3	
35	0	838.62	1 192.44	0.6	1	1,0
	−1	842.88	1 186.41	1.0	1	1,−1
	+1	857.37	1 166.36	0.4	3	
36	0	861.72	1 160.47	0.5	3	
	−1	865.08	1 155.96	0.7	1	
	+1	877.67	1 139.38	0.4	5	
37	0	883.67	1 131.65	—	6	
	−1	889.66	1 124.02	0.3	1	

（续表）

$k\pm2$	m	Period (s)	Freq. (μHz)	Ampl. (mma)	Confid. Level	W91 (l,m)
38	0	898.82	1 112.57	0.9	1	
		903.19	1 107.19	0.7	1	
39	+1	923.19	1 083.20	0.5	1	2(1),?
	0	925.31	1 080.72	0.3	2	
	−1	927.58	1 078.07	0.5	3	
40	+1	943.01	1 060.43	0.5	3	
	0	945.01	1 058.19	0.3	3	
	−1	947.41	1 055.51	0.5	1	
41	+1	962.07	1 039.43	0.3	3	
	0	966.98	1 034.15	0.9	1	2(1),?
	−1					
42	+1					
	0	988.13	1 012.01	0.2	3	2(1),−1;
	−1	994.12	1 005.91	0.1	5	2(1),−2;

观测获得的 DBV 白矮星的视星等约为 13～17 等，有效温度约为 21 000～32 000 K，重力加速度 $\log g$ 约为 7.5～8.3，脉动周期约为 100～1 500 s，表面大气主要成分为 He 大气，振幅约为 0.05～0.3 星等。表 6.5 为 Winget 等人使用 WET 数据认证识别的 DBV 白矮星 GD 358 的 $l=1$ 的观测模式[14]。该 DBV 白矮星拥有丰富的观测模式并伴有明显的频率分裂特征，可以十分有效地约束拟合模型。另外，假设第五列中的不同频率分裂值是由于对应振动模式所在位置的自转不同导致的，那么可以用频率分裂值的不同来初步研究目标白矮星的较差自转。Winget 等人认为高阶模式（k 值较大的模式）更能反映恒星外包层结构信息，低阶模式更能反映恒星中心核信息，GD 358 的外包层转速要比中心核转速快 1.8 倍[14]。

表 6.5　Winget 等人使用 WET 观测数据认证识别的 DBV
白矮星 GD 358 的 $l=1$ 的观测模式[14]

k	m	Frequency (μHz)	Power (μmp)	$|\Delta$ Frequency$|$ (μHz)	Period (s)
17.........	−1	1 291.00	24.5	6.58	774.59
	0	1 297.58	210.7		770.67
	+1	1 304.12	34.1	6.54	766.80
16.........	−1	1 355.58	2.4	6.27	737.69
	0	1 361.85	12.0		734.30
	+1	1 368.50:	7.1	6.65	730.73
15.........	−1	1 421.27	87.0	6.00	703.40
	0	1 427.27	362.1		700.64
	+1	1 434.04	82.4	6.77	697.33
14.........	−1	1 512.72	12.6	6.23	661.06
	0	1 518.95	69.7		658.35
	+1	1 525.62	18.4	6.67	655.47
13.........	−1	1 611.80	39.4	5.58	620.42
	0	1 617.38	33.4		618.28
	+1	1 623.49	29.8	6.11	615.96
12.........	0	1 733.88:	1.8		576.76
11.........	−1	1 840.46:	2.6	5.42	543.34
	0	1 845.88:	1.8		541.75
	+1	1 852.12	1.6	6.24	539.92
10.........	−1	1 989.26:	0.3	4.42	502.70
	0	1 993.68:	1.2		501.59
	+1	1 998.83:	1.5	5.15	500.29
9.........	−1	2 150.57:	2.1	3.53	464.99
	0	2 154.10	20.5		464.23
	+1	2 157.67	7.4	3.57	463.46
8.........	−1	2 358.85	23.6	3.71	423.94
	0	2 362.56	24.8		423.27
	+1	2 366.46	12.3	3.90	422.57

　　观测获得的 DAV 白矮星的视星等约为 12～17 等,有效温度约为 10 600～12 600 K,重力加速度 $\log g$ 约为 7.5～9.1,脉动周期约为 100～1 500 s,表面大气主要成分为 H 大气,振幅约为 0.01～0.3 星等。表 6.6

为 Fu 等人使用多站联测数据认证识别的 DAV 白矮星 HS 0507＋0434B 的 $l=1$ 的观测模式[16]。这颗星也展现出了较多的三分裂模式,可以有效地约束拟合模型。

表 6.6　Fu 等人使用多站联测数据认证识别的 DAV
白矮星 HS 0507＋0434B 的 $l=1$ 的观测模式[16]

f	δf	P	δk	m	DP
1 332.80		750.3		−1	
	3.03				
1 335.83		748.6	+8	0	−1.65
	4.41				
1 340.24		746.1		+1	
1 429.48		699.6		−1	
	4.03				
1 433.51		697.6	+7	0	−3.02
	4.03				
1 437.55		695.6		+1	
1 521.83		657.1		−1	
	2.73				
1 524.56		655.9	+6	0	4.92
	2.74				
1 527.30		654.8		+1	
1 792.81		557.8		−1	
	4.03				
1 796.84		556.5	+4	0	4.78
	4.00				
1 800.84		555.3		+1	
2 241.64		446.1		−1	
	3.99				
2 245.63		445.3	+2	0	−7.15
	3.09				
2 248.72		444.7		+1	
2 810.77		355.8		−1	
	3.45				
2 814.22		355.3	0	0	2.12
	3.51				
2 817.73		354.9		+1	

图 6.4 为苏杰 2010 年 1 月 24～31 日利用中国科学院云南天文台丽江观测站 2.4 米望远镜对 DAV 白矮星 KUV 11370＋4222 开展观测获

得的光变曲线[66]。图中,横坐标以日为单位,纵坐标以星等差为单位。该脉动白矮星具有多个振动周期。从图 6.1 中也可以看出 DAV 白矮星光度很低,观测较远距离的 DAV 白矮星一般需要 2 米级望远镜。为了提高观测数据的连续性,科学家们发起了多站联测和全球联测。Nather 等人在 1990 年的工作[67]中发起了全球望远镜项目(the Whole Earth Telescope,WET),旨在获得脉动白矮星的具有更高连续性的光变曲线(减小地球自转带来的影响),更精确地开展白矮星星震学研究工作。除去合成信号,苏杰提取出 10 个本征信号,周期分别为 139.03 s、257.88 s、280.80 s、293.77 s、394.14 s、398.09 s、402.06 s、462.83 s、762.42 s、811.75 s[66]。其中 394.14 s、398.09 s、402.06 s 三个振动模式的相邻振动频率之差为 25.17 μHz 和 24.78 μHz,这三个模式可以被认证成为自转三分裂模式,对应 $l=1,m=+1$、0、-1。根据公式(1.1),25 μHz 的自转三分裂对应的自转周期约为 5.56 小时。观测认证的 $l=1,m=0$ 的模式和其他 7 个模式(假定 $l=1$ 或 2,$m=0$)可以一起用来限制和约束拟合模型。

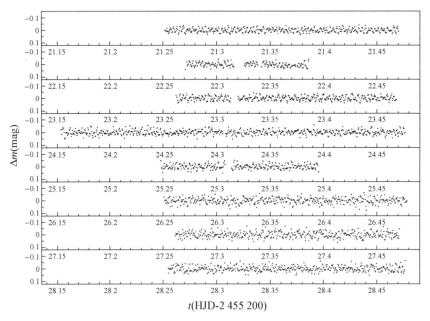

图 6.4　苏杰 2010 年对 DAV 白矮星 KUV 11370＋4222 的观测光变曲线[66]

6.3　白矮星振动初步分析

上述 DA 型脉动白矮星 KUV 11370＋4222 的模式认证工作中探测到了一组转动三分裂模式。该模式的理论模型是一维的,没有考虑自转,由理论模型计算得到的模式被认为是 $m＝0$ 的模式。如果观测数据中探测到三分裂模式,这些三分裂模式将被认证成为 $l＝1$ 的模式,如果探测到五分裂模式,这些五分裂模式将被认证成为 $l＝2$ 的模式。其中,$m＝0$ 的模式被用来限制和约束拟合模型。由于几何抵消效应,球谐度较大的模式具有更小的振幅,更不容易被探测到[68]。所以,对于没有探测到转动分裂的模式,一般假定球谐度 $l＝1$ 或者 $l＝2$,并假定方位角数 $m＝0$。球谐度的不确定会给模型拟合带来一定程度的不确定,$m＝0$ 的假定也会给模型拟合带来一定程度的不确定。球谐度和方位角数都认证完备的模式对模型的限制性更强,模型拟合工作更可靠。球谐度和方位角数认证不完备的模式在某种程度上也对模型拟合工作有限制,比如方位角数不同带来的周期差别很小时。另外,如果将某颗目标白矮星的历年观测认证模式进行统筹分析,则有机会获得更多的观测模式,可提高模式认证工作的可靠程度。如某次观测获得了 A、B、C、D 四个振动模式,另一次多站联测获得了 B、C、D、E、F 五个振动模式,全球联测又获得了 A、C、D、E、F、G、H 七个振动模式,那么将 A～H 一起开展模式认证工作有可能认证出更多的分裂模式,进而更可靠地限制和约束拟合模型。脉动模式的振幅经常会发生变化,振幅小到一定程度导致该振动模式没有被某次观测探测到也是有可能的。著者和 Li 在 2014 年的工作[69]中利用星震学模型拟合 DAV 白矮星 EC 14012－1446 时将历年来观测认证模式合起来分析,获得了更丰富的观测模式,如表格 6.7 所示。根据公式(1.1)表现出的不同球谐度模式的频率分裂关系和公式(6.2)表现出的不同球谐度模式的周期间隔关系,著者和 Li 认证了 6 个 $l＝1$、4 个 $l＝2$、5 个 $l＝3$ 的模式,以及 10 个 $l＝1$ 或 2 的模式,共 25 个观测模式用来限制和约束拟合模型[69]。

表 6.7 著者和 Li 利用星震学模型拟合 DAV 白矮星 EC 14012-1446 时将历年来观测认证模式合起来分析获得了更丰富的观测模式[69]

ID	Freq. (μHz)	Peri. (s)	2004 April		2004 June		2005 May		2007 April		2008	
			Freq. (μHz)	Ampl. (mmag)	Freq. (μHz)	Ampl. (mmag)	Freq. (μHz)	Ampl. (mmag)	Freq. (μHz)	Ampl. (mmag)	Freq. (μHz)	Ampl. (mmag)
f_1	2 856.155	350.121									2 856.155	2.0
f_2	2 508.060	398.715									2 508.060	2.1
f_3	2 504.871	399.222	2 504.86	8.7	2 504.98	8.1	2 504.97	6.8	2 504.65	8.6	2 504.897	12.7
f_4	2 304.745	433.887									2 304.745	4.7
f_5	1 891.142	528.781									1 891.142	3.8
f_6	1 887.519	529.796	1 887.47	8.9	1 887.79	9.3	1 887.34	12.3	1 887.59	15.2	1 887.404	20.7
f_7	1 883.555	530.911									1 883.555	1.5
f_8	1 860.248	537.563									1 860.248	6.4
f_9	1 774.989	563.384									1 774.989	7.2
f_{10}	1 643.368	608.506	1 643.40	14.2	1 642.96	13.6	1 643.03	7.0	1 644.08	4.1		
f_{11}	1 633.653	612.125	1 633.36	48.1	1 633.60	48.3	1 633.71	33.5	1 633.69	4.7	1 633.907	25.7
f_{12}	1 623.573	615.925	1 623.28	11.2	1 623.51	9.0	1 623.86	10.5	1 623.20	18.6	1 624.015	3.1
f_{13}	1 548.146	645.933									1 548.146	7.9
f_{14}	1 521.575	657.214									1 521.575	2.2
f_{15}	1 484.130	673.795	1 484.13	2.6								
f_{16}	1 473.783	678.526	1 474.12	9.3	1 474.95	9.2	1 473.02	5.6	1 473.04	6.3		
f_{17}	1 464.097	683.015	1 464.17	3.2	1 464.17	6.8			1 463.95	6.4		

（续表）

ID	Freq. (μHz)	Peri. (s)	2004 April Freq. (μHz)	Ampl. (mmag)	2004 June Freq. (μHz)	Ampl. (mmag)	2005 May Freq. (μHz)	Ampl. (mmag)	2007 April Freq. (μHz)	Ampl. (mmag)	2008 Freq. (μHz)	Ampl. (mmag)
f_{18}	1 418.369	705.035									1 418.369	1.2
f_{19}	1 399.065	714.763					1 398.29	10.9	1 399.84	13.6		
f_{20}	1 394.910	716.892					1 394.91	7.3				
f_{21}	1 385.320	721.855	1 385.50	24.4	1 385.62	35.1	1 384.84	40.6	1 385.32	44.1		
f_{22}	1 381.970	723.605					1 381.97	9.6				
f_{23}	1 375.383	727.070	1 375.53	5.5	1 375.02	6.9	1 375.60	4.7				
f_{24}	1 371.390	729.187					1 371.89	9.1	1 370.89	20.0		
f_{25}	1 299.810	769.343					1 299.00	39.8	1 300.62	63.6		
f_{26}	1 295.730	771.766					1 295.73	8.7				
f_{27}	1 289.280	775.627					1 289.28	5.3				
f_{28}	1 241.403	805.540									1 241.403	1.2
f_{29}	1 155.925	865.108									1 155.925	1.9
f_{30}	1 132.890	882.698	1 132.89	2.9								
f_{31}	1 104.252	905.591									1 104.252	2.2
f_{32}	1 021.139	979.299									1 021.139	1.7
f_{33}	935.380	1 069.085									935.380	2.7
f_{34}	821.390	1 217.448	821.26	7.1	821.52	7.8						

有些目标白矮星具有十年以上的多次观测历史，那么讨论光极大时刻对光极大次数的函数则有机会探测到脉动周期的变化率，如5.1小节所示。探测到的观测周期变化率同样可以用来限制和约束拟合模型，甚至有可能用来限制和约束暗物质粒子候选体——轴子。白矮星具有相当长的演化时标，是宇宙的活化石，含有未知粒子也是极有可能的。但是对周期变化率的探测需要数十年的观测记录，如图5.3所示，从1975年到2005年，历时30年才看出来拟合的二次函数抛物线开口向上，才能拟合出观测周期变化率。

从公式(6.2)可以看出，g模式振动的平均周期间隔和浮力频率的积分成反比。星震学中重力内波浮力频率的平方和密度成正比。白矮星中心核为电子简并物态，质量越大，半径越小，密度越大。所以定性地分析，质量越大的白矮星密度越大，浮力频率也越大，平均周期间隔越小（具体指 l 相同，比如都等于1，$m=0$ 时，k 相差1的平均周期间隔）。也可以使用模型定量计算该周期间隔，如果观测获得了较多的周期间隔，可参照理论模型计算的不同质量白矮星的周期间隔初步限制白矮星的质量。应用公式(6.2)计算g模式的振动周期，取参数 k 为 $k+1$ 和 k 计算振动周期并相减即得出理论计算的周期间隔。对应分母中的积分一般是从白矮星中心积分到白矮星表面。这样获得的平均周期间隔序列是整体的平均周期间隔序列。

Winget等人提出引力沉淀效应会使重的元素迅速下沉，DAV白矮星中的氢会迅速浮到表面，形成元素组成梯度区，元素组成梯度区会导致驻波出现[70]。也就是说有些模式会被囚禁在氢大气中。公式(6.2)中的积分取在氢氦交界面和白矮星表面会获得囚禁模式（也叫俘获模式）的平均周期间隔，该周期间隔明显大于白矮星整体的平均周期间隔。也就是说，将白矮星的振动周期($l=1,m=0$)从小到大排列，囚禁模式会插入到正常模式的序列中，带来较小的周期间隔。可通过较小的周期间隔的存在来寻找观测认证模式中囚禁在氢大气中的模式。图6.5为Costa等人根据观测认证模式做出的DOV白矮星PG 1159-035的周期间隔图[12]。从图中可以看出 $l=1$ 的模式有五个极小周期间隔，对应着5个囚禁模式。Brassard等人深入研究了元素交界梯度区带来的模式囚禁效应，氢大气越薄，模式囚禁效应越明显[71]。图6.6为著者在2016年的工作[72]中分析的氢大气厚度为 $\log(M_H/M_*)=-10$ 的DAV白矮星模式惯量、

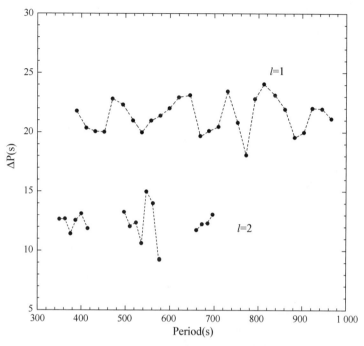

图 6.5　Costa 等人根据观测认证模式做出的 DOV
白矮星 PG 1159－035 的周期间隔图[12]

周期间隔以及振动能量分布图。图中三条竖虚线穿过的模式代表着囚禁
模，拥有极小的模式惯量，分布在氢大气中的振动能量拥有极大值。著者
在 2016 年的工作[72]中也定量计算了 DAV 白矮星的平均周期间隔弥散
程度和白矮星各个参数之间的相关性。发现总体的平均周期间隔弥散程
度和氢大气厚度强相关，和白矮星其他参数关联度不高。如果观测获得
了较多的周期，可以计算平均周期间隔弥散并根据弥散程度初步估算氢
大气的厚度。著者根据观测获得的 DAV 白矮星 KUV 03442＋0719 的
周期间隔弥散情况得出，该星的氢大气水平为不是极端薄也不是极端厚
的平均水平[72]。另外，可以根据囚禁在中心核和囚禁在表面的振动模式
的转动分裂值的不同初步估算白矮星的较差自转。著者搜集文献，将
DBV 白矮星 CBS 114 的历年来观测认证模式合在了一起做了全面的模
式认证工作，考虑 MESA 演化的热核燃烧的白矮星中心核使用 WDEC
演化网格白矮星模型并做了模型拟合工作[73]。著者还根据观测模式的

不同频率分裂值和对应拟合模式的模式囚禁效应分析了该星的较差自转。研究认为,该DBV白矮星CBS 114的中心核转动速度至少是表面大气转动速度的2倍[73]。

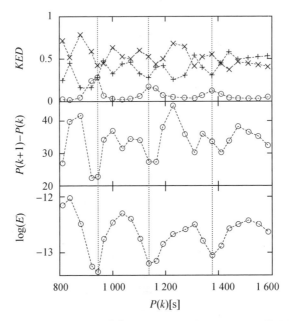

图6.6 著者在2016年的工作[72]中分析的一颗DAV白矮星模式惯量、周期间隔以及振动能量分布图。上子图中,空心圈、叉号和加号分别代表着分布在氢大气、氦包层和碳氧核中的振动动能比

第2章2.2小节讲述了对白矮星开展的光谱观测、光谱拟合工作可以获得白矮星的有效温度和重力加速度(也可以获得大气成分信息)。对脉动白矮星开展测光观测,拟合提取认证的脉动模式可以获得最佳拟合模型。最佳拟合模型的各个参数可基本反映出拟合目标白矮星的对应参数。不同研究方法对同一目标天体的研究应该获得相同的恒星参数。星震学模型拟合工作获得的目标白矮星的有效温度和重力加速度应该和光谱拟合工作获得的有效温度和重力加速度吻合。对同一目标白矮星的不同光谱拟合工作(如不同波段、采用不同光谱库等)和不同星震学模型拟合工作(如多次测光观测、单站观测、多站联测、全球联测、采用不同白矮星演化程序等)均可以相互比较以获得更可靠的物理信息。

第1章1.4小节讲述了利用探测到的频率分裂可以探索分析白矮星

自转周期和磁场信息。白矮星的自转周期一般为 1 天的数量级。自转周期为几小时的白矮星也存在,如 DAV 白矮星 KUV 11370＋4222(5.56 小时)。分裂模式出现的不对称性分裂,可用来初步限制磁场信息。Jones 等人的理论计算表明,磁场会导致振动频率出现 $l+1$ 个分裂,和自转导致的 $2l+1$ 个频率分裂值明显不同[18]。

　　Pesnell 理论计算了脉动白矮星自转轴和视线方向夹角取不同值时对应的分裂模式的振幅比例关系,如图 6.7(三分裂)和图 6.8(五分裂)所示[74]。Fu 等人观测 DAV 白矮星 HS 0507＋0434B 获得了 6 组三分裂模式,$m＝+1$ 和 $m＝-1$ 模式的平均振幅和 $m＝0$ 模式的平均振幅比例约为 1.98,介于图 6.7 中的(c)(比例约为 1.22)和(d)(比例为 4.00)之间,由此推测这颗星的自转轴和视线方向的夹角约为 70 度[16]。从 Handler 等人对 DAV 白矮星 EC 14012－1446 的观测认证模式来看,多个模式表现出了约 $10\mu Hz$ 的三分裂模式[75],而且中间 $m＝0$ 模式的振幅大约为两边分裂模式振幅的 4 倍,对应于图 6.7 中的(a)情况,因此 EC 14012－1146 的自转轴和视向方向夹角很可能是 20 度左右。

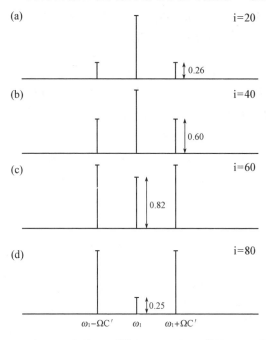

图 6.7　**Pesnell 在 1985 年的工作**[74]**中利用理论计算的三分裂模式振幅和自转轴与视向方向夹角关系图**

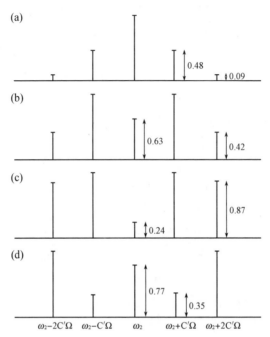

图 6.8 Pesnell 理论计算得到的五分裂模式振幅和
自转轴与视向方向夹角关系图[74]

　　一般来讲,一个观测模式可以约束一个自由度参数。如果观测模式
太少,一般很难限制住多参数拟合模型。观测认证获得的可靠模式越多,
对拟合模型的约束越强。然而,当出现非常多的振动模式,特别是出现在
较小的周期区间内导致依赖频率分裂关系开展模式认证工作很困难时,
模式认证工作和模型拟合工作也将面临较大的挑战。

第7章

白矮星演化程序和振动程序

第 5 章和第 6 章分别介绍了白矮星演化和白矮星振动，本章将介绍白矮星演化程序和振动程序。

7.1 LPCODE 演化程序和 LP-PUL 振动程序

LA PLATA 恒星演化与脉动研究小组开发了白矮星演化程序——LPCODE[76,77]，官方网站如下：http://fcaglp.fcaglp.unlp.edu.ar/evolgroup/。LPCODE 的计算对象包括 DA 型白矮星、DB 型白矮星、DO 型白矮星、白矮星前身星、氦核白矮星、大质量白矮星（结晶过程）、低金属丰度白矮星和极端水平分支星等。LPCODE 可以计算 PP 链、CNO 循环、氦燃烧、碳点燃等 34 种热核反应，包含如下 16 种元素：^1H、^2H、^3He、^4He、^7Li、^7Be、^{12}C、^{13}C、^{14}N、^{15}N、^{16}O、^{17}O、^{18}O、^{19}F、^{20}Ne 和 ^{22}Ne[77]。在白矮星演化过程中，LPCODE 考虑了引力沉淀、热扩散和化学扩散等物理过程。在LPCODE 官网中，有各类型白矮星的演化模型结构信息和演化过程信息，可直接下载开展初步研究工作和教学工作。

对应的白矮星振动程序 LP-PUL[78] 被耦合在演化程序 LPCODE中。考虑白矮星中心和表面的边界条件，振动程序可以计算四个线性、绝热、非径向、无量纲方程组。在 LPCODE 官网中，也有部分理论计算白矮星的振动模式的相关信息，可直接下载开展初步研究工作和教学工作。

在 LPCODE 官网中 Models/DA white dwarfs/CO-core white dwarfs/Evolutionary tracks(z＝0.01)路径下可下载金属丰度为 0.01 的碳氧核DA 型白矮星的演化信息压缩包。由此可画出不同质量的白矮星演化曲线赫罗图，如图 7.1 所示。从图中可以看出，质量越大的白矮星冷却轨迹光度越低，和图 5.2 反应的规律是一致的。

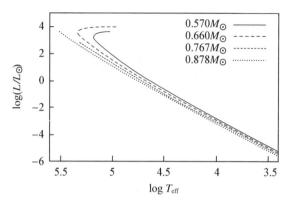

图 7.1 LPCODE 官网下载的金属丰度为 0.01 的不同质量的 DA 型白矮星冷却赫罗图

从网站上还可以下载相应质量白矮星的 $l=1$ 的振动模式信息。对于质量为 $0.570M_\odot$ 的白矮星,下载氢大气质量分数取对数($\log(M_H/M_*)$)数值为 -6.33 的模型,该模型演化到 11 989 K 时的平均周期间隔为 52 s。对于质量为 $0.660M_\odot$ 的白矮星,下载氢大气质量 $\log(M_H/M_*)$ 为 -6.35 的模型,该模型演化到 11 992 K 时的平均周期间隔为 48 s。对于质量为 $0.767M_\odot$ 的白矮星,下载氢大气质量 $\log(M_H/M_*)$ 为 -6.35 的模型,该模型演化到 12 010 K 时的平均周期间隔为 43 s。对于质量为 $0.878M_\odot$ 的白矮星,下载氢大气质量 $\log(M_H/M_*)$ 为 -6.39 的模型,该模型演化到 12 030 K 时的平均周期间隔为 39 s。由此可见,上述模型中氢大气质量比例几乎相同,有效温度均在 12 000 K 附近,质量越大的白矮星平均周期间隔越小,和 6.3 小节的有关分析是一致的。

也可以利用下载的模型演化信息和星震学信息开展其他感兴趣的研究工作。该 LA PLATA 恒星演化与脉动研究小组利用开发的 LPCODE 程序开展了大量的科学研究工作,官网的 Publications 板块陈列了历年来该研究团队发表的文章。这是一个相对庞大的研究团队,近些年每年的文章数量都超过 10 篇,阅读相关文章可以快速了解白矮星星震学的研究前沿。

7.2 MESA＋WDEC 演化程序和 Li 振动程序

在第 3 章白矮星中心核和第 5 章白矮星演化中均使用了恒星演化程

序 MESA。这是一款十分庞大的开源的恒星演化程序。搜索引擎搜索 mesa home 即可搜到官方链接网址：http://mesa.sourceforge.net/。官网上面陈述了详细的下载、安装、使用方法（在 linux 操作系统下安装）。下载的该程序包大小一般是 1G 以上，安装以前需要完成一些辅助工作，比如下载对应的 mesasdk 包。从 2011 年至今，大约十年的时间里，该程序逐步完善，几乎可以用来开展和恒星演化相关的任何研究工作。2020 年 12 月 7 日，官网中释放的程序版本为 15140。官网上面公开的旧的版本仍然可以使用，一般而言新的版本包含的科学问题更全面。在每个新的版本说明中，均会有对于解决了哪些问题的介绍。如该 15140 版本包含了对后向不兼容问题的许多修改，还包括物态方程等的重大重组。

该恒星演化程序十分庞大，且功能十分强大。在 mesa/star/test_suite/中，有 $1M_\odot$ 的恒星从主序前演化到白矮星阶段的程序模块，有 $7M_\odot$ 的恒星从主序前演化到渐近巨星分支阶段的程序模块，有渐近巨星分支到白矮星的演化模块，还有褐矮星演化模块、白矮星冷却程序模块，程序中包括元素扩散、核塌缩、高速自转、大质量恒星硅燃烧、伴随扩散的吸积过程、白矮星点燃等诸多程序模块和诸多物理过程。具体的使用需要参考对应程序模块中的说明和控制文件。程序开发团队每年举办暑期学校培训青年天文学者，可从官网查看相关信息报名参加。

Paxton 等人详细描述了 MESA 中的数值计算方法、微观物理过程、宏观物理过程、恒星结构与演化过程等的相关信息[35]。单就核反应而言，net 模块中就存储了大约 350 种热核反应。如果考虑 4 500 种同位素，jina 模块中包含了 7 600 多种核反应[35]。

图 7.2 为 MESA 物态方程表格的温度密度图[35]。MESA 的物态方程温度密度表格来源于更新的 OPAL 物态方程表格[79]。对于低温端和低密度端，MESA 采用 Saumon 等人在 1995 年的工作[80]中得到的 SCVH 物态方程表格。温度表格 $\log T$ 的范围是 $2.1 \sim 8.2$，步长是 0.02。在 OPAL 和 SCVH 适用范围以外，使用 HELM 物态方程表格[81]和 PC 物态方程表格[82]。HELM 物态方程表格在高温端可以达到 $\log T = 13$。PC 物态方程适用于低温高密度的结晶过程。关于不透明度数据，MESA 也引入了很多新的表格，如 Cassisi 等人 2007 年的工作[83]。更详细的信息，请参考 Paxton 等人 2010 年的工作[35]。在 4.4 小节物态方程研究工作的思考中论述的微观量子模型和热力学与统计物理知识是物态

方程基础研究工作的基础。更深入的研究工作需要阅读相关文献，进行
分析与思考，循序渐进，不断总结。基础研究工作是个长期的过程。

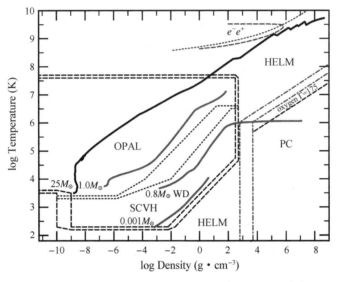

图 7.2　来自 MESA 的物态方程表格的温度密度图[35]

图 7.3 和图 7.4 是 MESA 演化的不同质量（2～100$M_\odot$）恒星的赫罗
图[35]。可以使用 MESA 开展丰富的恒星结构与演化相关研究工作。特
别是尝试演化 1$M_\odot$ 的恒星从主序前到白矮星阶段并关注各个基础物理
量的变化，有助于了解我们太阳系自己的恒星的前身和未来。

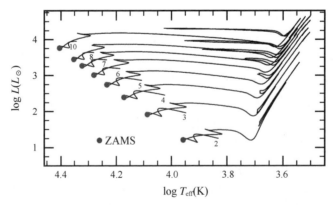

图 7.3　MESA 演化 2～7$M_\odot$ 恒星从主序前到第一次热脉动的赫罗图和 MESA
演化 8～10$M_\odot$ 恒星从主序前到碳燃烧阶段的赫罗图[35]

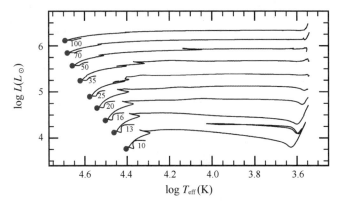

**图 7.4　MESA 演化 10～100$M_\odot$ 恒星从主序前到氦核燃烧结束的赫罗图
（金属丰度为 0.02，质量损失率为 0）**[35]

　　WDEC 是一款计算白矮星冷却的程序。WDEC 最早由 Schwarzschild
编写，由 Winget 带入到得克萨斯大学奥斯汀分校并逐步传承下来[84,85]。
WDEC 不计算热核燃烧过程，只计算白矮星的冷却过程，只考虑 H、He、
C、O 四种元素，因此是一款快速演化白矮星的程序。WDEC 的物态方程
表格来自 Lamb[86] 和 Saumon 等人的工作[80]，不透明度表格来自 Itoh 等人
的工作[87,88]。WDEC 在表面元素交界区采取扩散平衡轮廓，即 C/He 扩
散平衡轮廓和 He/H 扩散平衡轮廓。Su 等人[50] 把 Thoul 等人[51] 计算
太阳内部的元素扩散程序模块加入到了 WDEC 中，实现了对表面元素交
界区伴随着演化的含时扩散轮廓的拟合。WDEC 的核组成轮廓一般采
用假定的全碳轮廓、全氧轮廓、碳氧各占一半的均匀轮廓或者其他类型的
碳氧组合轮廓。将 MESA 演化的热核燃烧的核组成轮廓提取出来加入
到 WDEC 中使用，可以使 WDEC 快速演化白矮星网格化参数模型更符
合物理条件。表 7.1 为著者和 Li 研究 DA 型脉动白矮星 EC 14012－1446
时使用 MESA（4298 版本）演化的主序星质量、对应生成的白矮星质量和
与之匹配的 WDEC 中的白矮星质量[69]。热核燃烧产生的质量、半径、光
度、压强、温度、熵和碳丰度等结构量可从 MESA 程序演化生成的白矮星
中提取出来并加入到 WDEC 程序的白矮星种子模型中，用来提供热核燃
烧的核组成。

表 7.1　MESA 演化主序星到白矮星并和 WDEC 程序中的白矮星质量匹配[69]

MS ($M_\odot$)	WD(MESA) ($M_\odot$)	WD(WDEC) ($M_\odot$)
1.5	0.572	0.560～0.575
2.0	0.580	0.580～0.595
2.8	0.614	0.600～0.620
3.0	0.633	0.625～0.645
3.2	0.659	0.650～0.670
3.4	0.689	0.675～0.695
3.5	0.704	0.700～0.715
3.6	0.723	0.720～0.735
3.8	0.751	0.740～0.765
4.0	0.782	0.770～0.785
4.5	0.805	0.790～0.820

　　Li 在 1992 年的工作[89,90]中描述了恒星振动理论的线性理论和激发机制。据此编写了数值求解恒星线性绝热振动方程组的程序。可用来计算 p 模式振动和 g 模式振动。

　　本文作者在导师李老师和众多师兄弟姐妹及同行专家的指导帮助下,借助于白矮星演化程序 WDEC 和 Li 振动程序,分析研究了 DA 型脉动白矮星(G 29－38[91]、HS 0507＋0434B[34,92]、EC 14012－1446[69]、KUV 03442＋0719[72]、G 117－B15A[58]、R548[58]、R808[93])、DB 型脉动白矮星(CBS 114[73]、PG 0112＋104[94])和 DO 型脉动白矮星(PG 1159－035[8])的星震学。对白矮星元素轮廓、模式认证、脉动模式的周期变化率、脉动模式的周期间隔弥散、中心核和表面大气的较差自转、库伦势的屏蔽效应、混合大气结构的物态方程等物理过程开展了初步的探索研究。上述研究工作受到了国家自然科学基金地区项目(脉动白矮星的星震学研究)的大力支持。有了科研经费的支持,可以购置高性能台式机和工作站开展恒星结构与演化和网格白矮星模型的数值计算,也便于积极参加国内外相关学术会议,积极交流和讨论。开展的科学研究想法一方面来源于对本科生授课的基础知识的深入思考,另一方面来源于参加学术会议与同行的深入交流和讨论。从事理论研究工作一定要多参加学术会议并且积极向同行专家汇报自己的研究想法和成果,听取专家的评论意见。有了一定的研究基础以后要积极开展广泛的合作研究,形成一加一大于

二的合力。避免闭门造车,避免急功近利,避免在严重超出自己能力范围
的问题上不间断地"解决"好几个月而没有丝毫进展。循序渐进、一步一
个脚印、一点一滴积累是更有效的研究方法。感谢导师李老师和各位师
兄弟姐妹对我研究工作的指导和帮助。感谢北京师范大学宗伟凯博士对
我研究工作的指导和支持,感谢宗伟凯博士为合作研究创造的条件。感
谢我校教师舒虹老师的长期合作、交流和讨论。

7.3 WDEC(2018)＋MESA(8118)演化程序和振动程序

Bischoff-Kim 和 Montgomery 提出了新版本的 WDEC 程序[85]。该
程序仍然是开源的,可从如下网址下载:https://github.com/kim554/
wdec。该程序大小不到 2M,可以和 MESA(8118 版本)组合使用。该程
序包含四种运行模式。第一种模式即老版本的 WDEC 运行模式
(makeda_orig),调用老版本 WDEC 的物态方程和不透明度表格。第二
种模式可以用来演化碳氧核白矮星,内核组成类似原来的版本,可输入线
性氧轮廓(makedx_v15),调用 MESA 程序的新的物态方程表格和不透
明度表格。第三种模式可以用来演化碳氧核白矮星,内核组成氧轮廓是
参数化的(makedx_v16),调用 MESA 程序的新的物态方程表格和不透
明度表格。第四种模式可以用来演化氦核白矮星(makeda_he)。

振动程序和演化程序耦合在了一起,最后结果输出模型参数的同时
直接输出振动模式信息。v15 和 v16 模式都可以用来线性拟合演化核组
成轮廓,同时 v16 模式也可以实现参数化核组成轮廓,如图 7.5 所示[95]。
六个参数(w1~3 和 h1~3)用来实现白矮星中心核氧轮廓的参数化。参
数 w4 大小等于氧核大小减去 w1 减去 w2 再减去 w3。总质量、有效温
度、氦质量、氢质量,再加上 w1~3 和 h1~3,假定其他参数不变,也有 10
个参数了。模型网格一般会达百万个以上。核组成轮廓参数化以后,普
通的计算机已经不能满足要求,需要工作站和超算等高性能设备开展数
值计算。目前采用演化核组成轮廓,即单一核组成轮廓对目标白矮星的
拟合,最佳拟合模型的拟合误差一般在 2 秒数量级。核组成轮廓参数化
以后,能够大幅度缩小拟合误差,有望朝着精确星震学的方向前进一大
步。另外,当星震学可以确定白矮星核组成轮廓时,获得的白矮星轮廓信
息也可以用来约束恒星结构与演化过程。

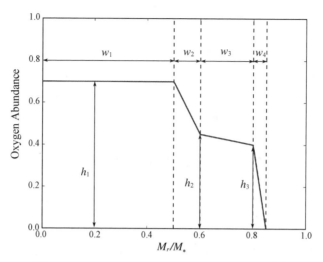

图 7.5　WDEC(2018)v16 模式的参数化核组成[95]

该 WDEC(2018)加 MESA(8118)白矮星演化程序和振动程序可以开展白矮星星震学模型拟合最前沿的研究工作。将该组合程序的下载、安装、使用详细介绍如下。

1. 安装 linux 操作系统,比如 Ubuntu。对计算机不太熟悉的初学者可以请懂计算机的朋友帮忙,或者购置计算机时就请厂家安装双系统或者 linux 操作系统。安装上操作系统并联网后,就会有程序和软件更新提示,建议及时更新。

2. 搜索 MESA home 进入 MESA 官网认真阅读下载安装 MESA 程序流程,下载安装包(8118 版),下载对应的 SDK 包,设置环境变量等。安装不成功时可参考网站中的常见安装问题解答部分。常见的安装问题在官方网页上都能找到解决办法。

3. 下载 2018 版 WDEC 并认真阅读程序说明手册(wdec-master/doc/user_manual)。该程序说明手册详细地介绍了 WDEC 的历史、使用方法、程序文件、输入文件、编译和运行等。修改程序文件 Makefile 中的 mesa 路径。输入程序控制参数演化白矮星模型,逐步认识、理解每一个参数的物理意义。用物理规律检验程序的输出数值,比如质量、半径和重力加速度的关系,比如光度、半径和有效温度的关系等。

4. 尝试演化网格参数白矮星模型并观察理论振动周期寻找规律。

可尝试拟合目标白矮星的观测振动周期,寻找最佳拟合模型。这一步需要利用基础的 Fortran 语言(或者其他程序语言)编程来编写筛选最佳拟合模型的小程序。

通过上述几个步骤可初步了解白矮星星震学模型拟合的具体研究方法。想要真正读懂程序并使用程序开展科学前沿研究工作则需要日积月累、消化吸收,数年如一日,铁杵磨成针。

下面演化具体白矮星实例并做初步分析。在表 7.2 中展示了新版本 WDEC 程序 v16 模式的输入参数示例(在参数输入文件 gridparameters 中)。在表 7.2 中共有 15 列数,7 行数据。前 6 行为 DAV 白矮星模型,第 7 行为 DBV 白矮星模型,演化网格白矮星模型时可参考前 6 行,每一行就是一个白矮星模型参数。计划演化多少个网格白矮星模型就输入多少行白矮星参数就行了。我们以第 1 行为例进行简要说明。第 1 行参数的第 1 列为白矮星有效温度($T_{eff}=12\,000$ K),第 2 列为白矮星总质量($M_*=0.6M_\odot$),第 3 列为白矮星包层质量($\log(M_{env}/M_*)=-2$),第 4 列为白矮星氦质量($\log(M_{He}/M_*)=-4$),第 5 列为白矮星氢质量($\log(M_H/M_*)=-8$),第 6 列为氦碳交界处氦丰度($X_{He}=0.8$),第 7 列为包层底部氦的扩散系数,第 8 列为纯氦底部氦的扩散系数,第 9 列为混合长参数($\alpha=0.6$),第 10~15 列为描述中心核氧轮廓的 6 个参数。第 1 行参数控制输出的是一颗 DAV 白矮星模型,该模型的组成轮廓图如图 7.6 所示。读者可对着轮廓图了解上述参数的物理意义。演化生成的这颗 DAV 白矮星的其他参数为:$L/L_\odot=2.88\times10^{-3}$,$R/R_\odot=1.25\times10^{-2}$,age$=4.89\times10^8$ year,$\log g=8.02$[CGS]。

在表 7.3 中列出了计算得到的这颗 DAV 白矮星的 50~1500 s 的理论振动周期(球谐度 $l=1$ 和 2,方位角 $m=0$)。球谐度 $l=1$ 模式的平均周期间隔为 $\Delta P_{l=1}=48.966\,5$ s,如图 7.7 所示。图 7.7 中,k 值大小在 1~26 范围内。6.3 小节讲过,囚禁模式会导致较小的周期间隔。结合振动模式的振动能量分布得出图 7.7 中 $k=4$、11、15、21 的模式都是囚禁模式。球谐度 $l=2$ 模式的平均周期间隔为 $\Delta P_{l=2}=28.770\,9$ s,如图 7.8 所示。图 7.8 中,k 值大小在 1~47 范围内,至少 $k=10$、15、20、24 的模式为囚禁模式。由公式(6.2)可知 $\Delta P_{l=2}/\Delta P_{l=1}$ 的理论值为 $\sqrt{3}\approx1.732$。对该 DAV 白矮星模型而言,计算值 $\Delta P_{l=2}/\Delta P_{l=1}=1.702$。实际计算值和理论值只有不到 2% 的差别。

表 7.2　新版本 WDEC 程序 v16 模式的输入参数表格，前 6 行为 DAV 白矮星模型输入参数，第 7 行为 DBV 白矮星模型输入参数

T_{eff} (K)	M_* ($10^{-3}M_\odot$)	$-100\log\dfrac{M_{\text{env}}}{M_*}$	$-100\log\dfrac{M_{\text{He}}}{M_*}$	$-100\log\dfrac{M_{\text{H}}}{M_*}$	$100X_{\text{He}}$	D_1	D_2	100α	h_1	h_2	h_3	w_1	w_2	w_3
12 000	600	200	400	800	80	12	12	60	62	64	87	30	43	9
11 500	600	200	400	800	80	12	12	60	62	64	87	30	43	9
11 000	600	200	400	800	80	12	12	60	62	64	87	30	43	9
12 000	700	200	400	800	80	12	12	60	62	64	87	30	43	9
11 500	700	200	400	800	80	12	12	60	62	64	87	30	43	9
11 000	700	200	400	800	80	12	12	60	62	64	87	30	43	9
24 000	600	200	400	2 000	80	12	12	125	62	64	87	30	43	9

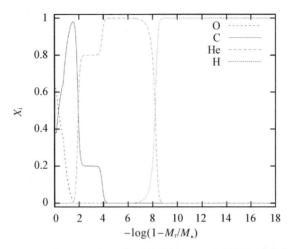

图 7.6　WDEC(2018)v16 模式演化的 DAV 白矮星组成轮廓图

表 7.3　表 7.2 中第一行参数控制的 DAV 白矮星的理论计算振动周期表

l	k	P	l	k	P	l	k	P
1	1	210.919	1	26	1 436.148	2	24	783.877
1	2	268.263	1	27	1 485.118	2	25	809.606
1	3	295.823	2	1	125.183	2	26	837.915
1	4	358.374	2	2	165.710	2	27	867.294
1	5	393.575	2	3	189.541	2	28	897.325
1	6	433.885	2	4	207.282	2	29	927.917
1	7	493.320	2	5	230.530	2	30	957.666
1	8	574.996	2	6	265.439	2	31	985.940
1	9	609.655	2	7	288.913	2	32	1 015.311
1	10	661.847	2	8	336.944	2	33	1 043.849
1	11	697.013	2	9	370.816	2	34	1 070.644
1	12	739.407	2	10	392.250	2	35	1 099.231
1	13	789.581	2	11	411.753	2	36	1 129.485
1	14	846.697	2	12	444.863	2	37	1 159.850
1	15	901.074	2	13	474.866	2	38	1 187.936

（续表）

l	k	P	l	k	P	l	k	P
1	16	942.889	2	14	504.582	2	39	1 218.192
1	17	988.363	2	15	529.218	2	40	1 249.891
1	18	1 044.300	2	16	554.122	2	41	1 281.026
1	19	1 092.739	2	17	579.204	2	42	1 308.480
1	20	1 139.345	2	18	612.819	2	43	1 335.116
1	21	1 188.082	2	19	644.659	2	44	1 364.166
1	22	1 229.071	2	20	671.130	2	45	1 394.141
1	23	1 276.966	2	21	696.431	2	46	1 424.560
1	24	1 331.620	2	22	728.146	2	47	1 455.212
1	25	1 386.393	2	23	758.194	2	48	1 485.741

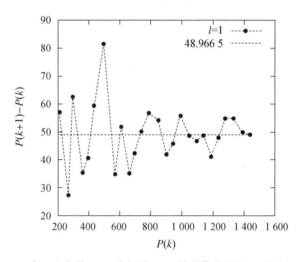

图 7.7　表 7.3 中的 DAV 白矮星 $l=1$ 的周期间隔图，k 值为 1～26

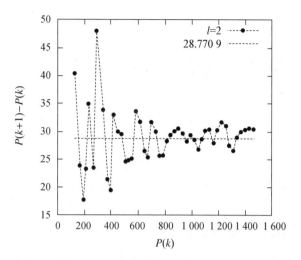

图 7.8　表 7.3 中的 DAV 白矮星 $l=2$ 的周期间隔图,k 值为 1～47

第8章

脉动白矮星星震学模型拟合

有了上述章节的详细知识,本章将从网格化参数模型、更合理的物理模型、单星拟合和多星拟合三个角度介绍脉动白矮星的星震学模型拟合工作。

8.1 网格化参数模型简介

星震学模型拟合工作可以描述为:演化大量的网格化参数模型,计算每个模型的理论振动周期,然后用来和观测获得的周期对比,搜寻与观测周期拟合误差最小的模型——最佳拟合模型。如果观测周期足够多、模式认证工作非常可靠、物理模型没有明显的不足、拟合误差足够好的话,我们有理由相信最佳拟合模型的信息能够反应被拟合目标白矮星的信息。另外,星震学模型拟合工作可以和光谱拟合工作相互校验。新开展的星震学模型拟合工作也可以和以往考虑不同物理因素开展的星震学模型拟合工作相互校验。

以 DA 型脉动白矮星为例,模型的网格参数一般选白矮星总质量、有效温度、氦包层质量和氢大气质量。网格参数的范围和步长一般不宜太大或太小。范围太大、步长太小会导致模型个数太多、计算耗时太长。范围太小、步长太大又有可能遗漏掉最佳拟合模型所在的区域。

表 8.1 为著者在 2020 年的工作[34]中考虑屏蔽库伦势拟合 DAV 白矮星 HS 0507+0434B 时的模型网格参数。以往对 HS 0507+0434B 的三次星震学模型拟合工作获得的最佳拟合模型的总质量分别为 $0.660M_\odot$[96]、$0.675M_\odot$[16] 和 $0.640M_\odot$[92]。表 8.1 中的质量网格范围设置为 $0.56\sim0.72M_\odot$,涵盖了上述最佳拟合模型的质量,初始步长为 $0.01M_\odot$。有效温度范围设置为 $10\,800\sim12\,600$ K,包含了 DAV 白矮星的脉动不稳定带。一般光谱观测的误差范围为 200 K 数量级,有效温度的初始步长选为 200 K。氦包层的质量分数取对数数值范围设置为

—2.0 到—4.0,初始步长为 0.5。对于 DAV 白矮星而言,如果氦包层质量太大,那么有可能核反应还没有熄火。恒星结构与演化理论表明氦包层质量至少是氢大气质量的 100 倍。因此,拟合中氢大气的质量分数取对数数值范围为—4.0 到—10.0,初始步长取 1.0。当氦取—4.0 时,氢取—6.0 到 —10.0,保证氦至少是氢的 100 倍。氢也不能太薄或太厚。氢太薄的话光谱中会混入氦线,那么就不是 DAV 白矮星了。这样得到了大约 5 000 个模型,计算它们的理论振动周期,然后和观测周期对比,找出初始的最佳拟合模型。再在该模型附近小范围内逐步缩小步长,直到找出拟合误差最小的模型作为最佳拟合模型。

表 8.1 中设置了初始步长、中间步长和精细步长,以便找出最佳拟合模型。先依据网格参数范围和初始步长演化网格模型,计算理论模型的振动周期并拟合观测周期找到初始最佳拟合模型;然后在该初始最佳拟合模型参数附近小范围内依据中间步长演化小范围的网格模型,计算理论振动周期并拟合观测周期;然后再在中间最佳拟合模型参数附近小范围内采用精细步长演化非常精细的网格白矮星模型并计算理论振动周期,拟合观测周期,最终筛选出拟合误差最小的最佳拟合模型。采用初始步长、中间步长和精细步长可以避免演化大样本白矮星模型,节省模型计算时间和电脑的磁盘空间。

表 8.1　著者在 2020 年的工作[34] 中拟合 DAV 白矮星 HS 0507+0434B 时的模型网格参数

Parameters	Initial size	Initial steps	Middle steps	Refined steps
$M_*/M_\odot$	0.56~0.72	0.01	0.005	0.005
$T_{\text{eff}}[\text{K}]$	10 800~12 600	200	50	10
$\log(M_{\text{He}}/M_*)$	−2.0~−4.0	0.5	0.5	0.1
$\log(M_{\text{H}}/M_*)$	−4.0~−10.0	1.0	0.5	0.1

8.2　更合理的物理模型

进行拟合时,一般希望选择更符合物理条件的白矮星模型,使数值计算朝着更合理的方向发展。著者和 Li 利用模型拟合 DAV 白矮星 G 29—38

时采用了核中心 20％碳、80％氧,核表面 60％碳、40％氧的人为假定核组成轮廓[91]。后面的研究工作从线性拟合 MESA 演化的中心核碳轮廓发展为直接将 MESA 演化的白矮星中心核结构量嵌入 WDEC 程序种子模型中,将两个程序的白矮星质量近似匹配起来,如表 7.1 所示。白矮星是恒星结构与演化的产物,只要恒星结构与演化理论足够接近客观实际,演化产生的热核燃烧的核组成轮廓理当带来更喜人的星震学模型拟合结果。图 3.1 即为 WDEC 演化的 DAV 白矮星轮廓图,其中核组成来自 MESA 恒星结构与演化热核燃烧的结果。

WDEC 程序表面元素交界区采用的是扩散平衡的轮廓。Su 等人[50]将 Thoul 等人[51]计算太阳内部的元素扩散程序模块加入到了 WDEC 程序中。理论上,含时扩散的交界轮廓应该更符合客观实际。考虑含时扩散有可能使模型拟合朝着精确星震学方向前进。

白矮星是极端致密天体,等离子体密度相对很高。有屏蔽效应的库伦势应该比纯净库伦势更符合客观实际。Paquette 等人提出,考虑屏蔽库伦势计算碰撞积分可以获得更可靠的扩散系数[52]。本文著者及其研究小组将元素交界区的纯净库伦势修改为有屏蔽效应的库伦势,尝试拟合了 DAV 白矮星 HS 0507＋0434B[34]、R808[93] 和 DBV 白矮星 PG 0112＋104[94]。考虑屏蔽库伦势以后,对这三颗星的模型拟合误差分别改进了 34％、10％ 和 4％。表 8.2[34] 和 8.3[93] 分别展示了考虑屏蔽库伦势最佳拟合模型对这两颗 DAV 白矮星的模型拟合的具体改进。图 8.1 和图 8.2 是考虑屏蔽库伦势时,对 DBV 白矮星 PG 0112＋104 拟合工作的具体改进[94]。

表 8.2　著者考虑屏蔽库伦势的最佳拟合模型对 DAV
白矮星 HS 0507＋0434B 拟合的改进[34]

P_{obs} [s]	$P_{cal(p)}$ [s]	$P_{obs} - P_{cal(p)}$ [s]	$P_{cal(s)}$ [s]	$P_{obs} - P_{cal(s)}$ [s]
355.3	355.62	−0.32	354.47	0.83
445.3	445.04	0.26	445.22	0.08
556.5	552.57	3.93	553.05	3.45
655.9	662.28	−6.38	658.71	−2.81
697.6	699.29	−1.69	699.42	−1.82
748.6	749.34	−0.74	747.15	1.45
σ_{RMS}	3.15 s		2.08 s	

表 8.3　著者和 Shu 在 2021 年的工作[93]中考虑屏蔽库伦势的
最佳拟合模型对 DAV 白矮星 R808 拟合的改进

P_{obs} (s)	$P_{cal(p)}$ (s)	$P_{obs}-P_{cal(p)}$ (s)	$P_{cal(s)}(l,k)$ (s)	$P_{obs}-P_{cal(s)}$ (s)
404.457	400.138	4.319	400.261(2,12)	4.196
511.266	518.710	−7.444	517.477(1,9)	−6.181
629.228	628.784	0.444	628.516(1,11)	0.712
745.120	746.605	−1.485	744.469(2,26)	0.651
796.253	794.457	1.796	793.080(2,28)	3.173
842.707	848.854	−6.147	847.160(2,30)	−4.453
860.227	860.062	0.165	858.589(1,17)	1.638
878.479	877.558	0.921	876.888(2,31)	1.591
898.707	900.077	−1.370	898.874(2,32)	−0.167
911.534	911.891	−0.357	911.677(1,18)	−0.143
922.504	923.219	−0.715	921.378(2,33)	1.126
952.398	952.117	0.281	951.120(2,34)	1.278
960.527	967.259	−6.732	964.172(1,19)	−3.645
1 011.39	1 011.53	−0.14	1 010.66(2,36)	0.73
1 040.07	1 039.07	1.00	1 037.53(1,21)	2.54
1 066.73	1 063.31	3.42	1 061.63(2,38)	5.10
1 091.09	1 093.54	−2.45	1 092.17(2,39)	−1.08
	1 096.04	−4.95	1 093.96(1,22)	−2.87
1 143.96	1 142.11	1.85	1 140.92(2,41)	3.04
2 459.10	2 460.75	−1.65	2 457.04(1,51)	2.06
σ_{RMS}	3.17s		2.86 s	

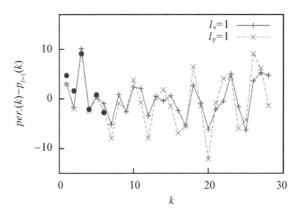

图 8.1 著者在 2018 年的工作[94]中考虑屏蔽库伦势(加号)和
纯净库伦势(叉号)对 DBV 白矮星 PG 0112＋104
$l＝1$ 的观测模式的拟合

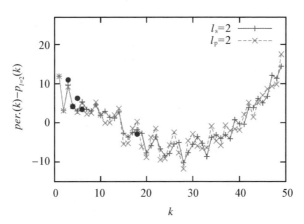

图 8.2 著者在 2018 年的工作[94]中考虑屏蔽库伦势(加号)和
纯净库伦势(叉号)对 DBV 白矮星 PG 0112＋104
$l＝2$ 的观测模式的拟合

　　总体而言,元素扩散效应和屏蔽库伦势效应在白矮星星震学模型拟合中表现出了应用潜力。但是也要具体问题具体分析。比如,光谱工作显示 DOV 白矮星 PG 1159－035 的表面光谱结构为碳丰度占 50％,氦丰度占 33％,氧丰度占 17％[97]。考虑元素扩散以后很难获得表面大气结构的固定比例。最终,著者在 2019 年的工作[8]中在演化网格模型时关闭了元素扩散程序,采取了光谱研究给定的固定的表面大气结构,如图 8.3 所示。

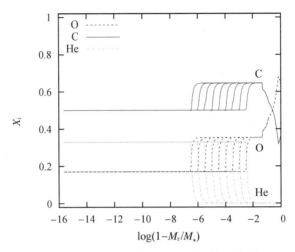

图 8.3　著者在 2019 年所作的演化的固定表面
大气结构的 DOV 白矮星模型[8]

WDEC 程序没有纯氧大气的物态方程表格。著者尝试使用 MESA 程序中给出的碳和氧各占 50% 的物态方程表格和 WDEC 中纯碳的物态方程表格进行插值计算,获得了纯氧的物态方程表格。再用纯碳、纯氦、纯氧的物态方程表格根据元素丰度比例插值计算具体的混合大气的物态方程表格。DOV 白矮星的有效温度很高,而原始的 WDEC 只计算白矮星冷却过程,大约从 10 万开尔文附近开始冷却。将 MESA 演化生成的高温白矮星中心核取出加入到 WDEC 中,便实现了高温 DOV 白矮星模型的演化。著者计算了演化网格模型的理论振动周期并拟合了 PG 1159－035 的 29 个观测周期,获得了 1.97 s 的平均拟合误差,具体的拟合情况见表 8.4[8]。该工作开启了著者对 DOV 白矮星的研究尝试。

白矮星领域的数值计算工作需要物理学基础(热力学与统计物理、量子力学等,从事大学教师工作可以实现教学和科研相结合,相互促进)、计算机编程基础(读程序、改程序、写程序)、数学基础(程序计算中经常会有和数学相关的数值计算方法)和英语基础(读文献、写文章、参加国际会议、做学术报告等)。善于思考、多做总结、勇于探索是科学研究中不可或缺的品质。从事理论研究工作,还要积极参加学术会议,交流、讨论、学习、合作同样是必不可少的。

表 8.4 最佳拟合模型对 PG1159—035 观测模式的具体拟合[8]

P_{obs} (l=1) (s)	P_{cal} (l,k) (s)	σ (s)	P_{obs} (l=2) (s)	P_{cal} (l,k) (s)	σ (s)	P_{obs} (l=2) (s)	P_{cal} (l,k) (s)	σ (s)
	351.48(1,15)			329.19(2,25)			738.31(2,56)	
	373.15(1,16)		339.24	339.32(2,26)	−0.08		752.45(2,57)	
	394.60(1,17)		351.01	350.43(2,27)	0.58		765.98(2,58)	
	412.30(1,18)		361.76	364.07(2,28)	−2.31		778.72(2,59)	
430.04	429.90(1,19)	0.14		377.26(2,29)			792.55(2,60)	
450.71	452.10(1,20)	−1.39	388.07	389.62(2,30)	−1.55		807.66(2,61)	
469.57	474.65(1,21)	−5.08		402.98(2,31)			824.10(2,62)	
494.85	495.06(1,22)	−0.21	413.30	415.69(2,32)	−2.39		840.38(2,63)	
517.18	518.15(1,23)	−0.97	425.03	426.78(2,33)	−1.75		856.15(2,64)	
538.16	540.48(1,24)	−2.32	438.00	438.21(2,34)	−0.21		871.54(2,65)	
558.44	559.48(1,25)	−1.04	449.43	451.19(2,35)	−1.76		884.60(2,66)	
	578.05(1,26)			464.45(2,36)			897.24(2,67)	
603.04	598.31(1,27)	4.73		477.41(2,37)			912.81(2,68)	
622.60	620.41(1,28)	2.19		491.62(2,38)			930.05(2,69)	
643.41	641.18(1,29)	2.28		505.80(2,39)			946.55(2,70)	

（续表）

$P_{obs}(l=1)$ (s)	$P_{cal}(l,k)$ (s)	σ (s)	$P_{obs}(l=2)$ (s)	$P_{cal}(l,k)$ (s)	σ (s)	$P_{obs}(l=2)$ (s)	$P_{cal}(l,k)$ (s)	σ (s)
666.22	664.51(1,30)	2.23		518.93(2,40)				
687.71	688.16(1,31)	−0.45		531.90(2,41)				
707.92	708.97(1,32)	−1.05		543.73(2,42)			963.87(2,71)	
729.50	729.78(1,33)	−0.28		555.69(2,43)		982.22	981.62(2,72)	0.60
753.12	750.50(1,34)	2.62		568.48(2,44)			996.62(2,73)	
773.77	770.63(1,35)	3.14		582.90(2,45)				
790.94	791.88(1,36)	−0.94		597.58(2,46)				
817.12	816.53(1,37)	0.59		611.46(2,47)				
840.02	840.94(1,38)	−0.92		626.26(2,48)				
861.72	863.15(1,39)	−1.43		640.37(2,49)				
	887.71(1,40)			651.87(2,50)				
	912.10(1,41)			663.53(2,51)				
	932.21(1,42)			677.91(2,52)				
	951.69(1,43)			692.51(2,53)				
	974.05(1,44)			707.35(2,54)				
	997.80(1,45)			723.21(2,55)				

8.3 单星拟合和多星拟合

在前文中陆续介绍了著者从事的星震学模型拟合工作,包括对 DOV、DBV 白矮星探索性的初步研究以及对 DAV 白矮星的相对比较深入的科学研究。但是,总体而言,这些工作都属于单星拟合的工作模式。工作步骤可以初步总结如下:

1. 通过阅读大量文献寻找模式较为丰富的脉动白矮星。

2. 可以将历年观测获得的脉动模式合起来分析,依据转动分裂规律和周期间隔规律开展可靠的模式认证工作。

3. 通过采用热核燃烧的核组成轮廓和采用屏蔽库伦势的物理规律等方法演化更符合物理条件的白矮星网格模型。

4. 计算理论振动周期并拟合观测周期筛选出最佳拟合模型,并通过和已有的光谱工作和星震学工作对比评价拟合结果。

工作过程中,著者通过寻找更多更可靠的观测模式希望更有效地限制和约束拟合模型,并且通过构建更合理的物理模型希望缩小模型拟合误差朝着精确星震学的方向发展。

Castanheira 和 Kepler 使用 WDEC 程序演化了网格化 DAV 白矮星模型[98]。她们演化的质量网格范围是 $0.5 \sim 1.0 M_\odot$,步长是 $0.005 M_\odot$。有效温度范围是 10 600～12 600 K,步长是 50 K。氦包层质量分数取对数数值范围是 -2.0 到 -3.5。氢大气质量分数取对数数值范围是 -4.0 到 -9.5。中心核为碳氧各占 50% 的均匀核组成轮廓。在 2009 年的工作中,Castanheira 和 Kepler 再次使用上述网格化白矮星模型拟合了 83 颗 DAV 白矮星,并将获得的氢大气质量分数取对数并计算平均值为 -6.3[99]。以前 DAV 白矮星的氢大气厚度参照恒星结构与演化知识一般取白矮星总质量的万分之一。如今多颗星星震学模型拟合分析表明,恒星演化时需要多抛掉一些表面氢大气。白矮星星震学结果对恒星结构与演化理论有重要指导意义。Castanheira 和 Kepler 在 2009 年的工作中,获得的最佳拟合模型的总质量和有效温度分布如图 8.4 所示[99]。可以将该统计结果和光谱统计结果对比以获得更准确的信息。

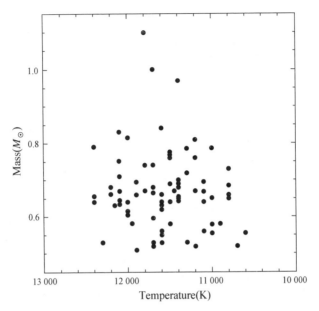

图 8.4　Castanheira 和 Kepler 在 2009 年的工作[99]中获得的最佳拟合模型的总质量和有效温度分布图

Romero 等人使用 LPCODE 程序演化了网格化 DAV 白矮星模型[96]。她们演化的网格模型可以从 7.1 节中给出的 LPCODE 网站上下载。她们拟合了 44 颗明亮的 DAV 白矮星,获得的最佳拟合模型参数见表 8.5[96]。

Romero 等人还使用 LPCODE 程序,考虑大质量 DAV 白矮星的结晶物态,演化了大质量 DAV 白矮星网格化参数模型并拟合了 42 颗大质量 DAV 白矮星。她们获得的最佳拟合模型参数见表 8.6[54]。Romero 等人利用星震学模型拟合工作研究了大质量 DAV 白矮星的氢大气厚度、白矮星总质量分布、结晶物态等[54]。

利用多星拟合的统计信息可以开展更深入的研究工作。比如统计最佳拟合模型的质量分布,并尝试和图 1.1 中的光谱拟合质量分布做比较;统计多星的氢大气厚度并和恒星结构与演化理论做比较;统计多星的中心核氧丰度轮廓信息并和演化模型做比较。多星拟合的精确星震学结果可以指引前期恒星结构与演化理论模型计算。

表 8.5　Romero 等人使用 LPCODE 程序拟合的 44 颗明亮 DAV 白矮星的最佳拟合模型参数列表[96]

Star	log g	T_{eff}(K)	$M_*/M_\odot$	M_H/M_*	M_{He}/M_*	$\log(L/L_\odot)$	$\log(R/R_\odot)$	X_C	X_O
HS 1531+7436	8.28±0.06	12 496±210	0.770±0.034	$(1.55\pm5.23)\times10^{-5}$	5.96×10^{-3}	−2.616±0.011	−1.977±0.011	0.032	0.655
GD 244	7.97±0.04	12 422±105	0.593±0.012	$(1.17\pm0.36)\times10^{-4}$	2.38×10^{-2}	−2.433±0.011	−1.881±0.011	0.283	0.704
G 226−29	8.28±0.06	12 270±290	0.770±0.034	$(2.02\pm0.31)\times10^{-5}$	5.95×10^{-2}	−2.647±0.011	−1.977±0.011	0.332	0.655
HS 0507+0434B	8.10±0.06	12 257±135	0.660±0.023	$(5.68\pm1.94)\times10^{-5}$	1.21×10^{-2}	−2.532±0.021	−1.918±0.016	0.258	0.729
LP 133−144	8.03±0.04	12 210±180	0.609±0.012	$(1.10\pm0.79)\times10^{-5}$	2.45×10^{-2}	−2.507±0.010	−1.903±0.011	0.264	0.723
EC 11507−1519	8.17±0.07	12 178±230	0.705±0.033	$(3.59\pm1.09)\times10^{-5}$	7.63×10^{-3}	−2.592±0.021	−1.943±0.016	0.326	0.661
L 19−2	8.17±0.07	12 105±360	0.705±0.033	$(3.59\pm1.66)\times10^{-5}$	7.63×10^{-3}	−2.602±0.021	−1.943±0.016	0.326	0.661
GD 66	8.01±0.04	12 068±125	0.593±0.012	$(4.65\pm4.37)\times10^{-5}$	2.39×10^{-2}	−2.514±0.010	−1.896±0.011	0.213	0.704
G 132−12	7.96±0.05	12 067±180	0.570±0.012	$(1.97\pm0.46)\times10^{-6}$	3.49×10^{-2}	−2.486±0.017	−1.882±0.014	0.301	0.606
G 207−9	8.40±0.07	12 029±130	0.837±0.034	$(4.32\pm3.50)\times10^{-7}$	3.19×10^{-3}	−2.761±0.020	−2.017±0.016	0.346	0.641
G 117−B15A	8.00±0.09	11 985±200	0.593±0.007	$(1.25\pm0.70)\times10^{-6}$	2.39×10^{-2}	−2.497±0.030	−1.882±0.029	0.283	0.704
MCT 2148−2911	8.05±0.04	11 851±150	0.632±0.014	$(7.58\pm1.79)\times10^{-5}$	1.75×10^{-2}	−2.561±0.011	−1.904±0.011	0.232	0.755
G 38−29	8.28±0.06	11 818±50	0.770±0.034	$(1.23\pm0.76)\times10^{-5}$	5.96×10^{-3}	−2.716±0.011	−1.979±0.010	0.333	0.655
PG 1541+650	8.04±0.04	11 761±60	0.609±0.012	$(1.56\pm1.42)\times10^{-5}$	2.46×10^{-2}	−2.583±0.010	−1.908±0.011	0.264	0.723
G 191−16	8.06±0.04	11 741±90	0.632±0.014	$(1.39\pm0.32)\times10^{-5}$	1.76×10^{-2}	−2.590±0.010	−1.910±0.011	0.232	0.755
G 185−32	8.12±0.10	11 721±370	0.660±0.023	$(4.46\pm3.20)\times10^{-7}$	1.22×10^{-2}	−2.632±0.051	−1.930±0.034	0.258	0.729
EC 14012−1446	8.05±0.04	11 709±95	0.632±0.014	$(7.58\pm2.40)\times10^{-5}$	1.75×10^{-2}	−2.583±0.011	−1.904±0.011	0.232	0.755
EC 23487−2424	8.28±0.06	11 700±75	0.770±0.034	$(2.02\pm0.32)\times10^{-5}$	5.95×10^{-3}	−2.731±0.010	−1.978±0.010	0.332	0.655
GD 165	8.05±0.07	11 635±330	0.632±0.014	$(7.58\pm3.28)\times10^{-5}$	1.75×10^{-2}	−2.594±0.043	−1.904±0.029	0.232	0.755
R 548	8.03±0.05	11 627±390	0.609±0.012	$(1.10\pm0.38)\times10^{-5}$	2.45×10^{-2}	−2.595±0.025	−1.904±0.015	0.264	0.723
HE 1258+0123	8.07±0.03	11 582±100	0.632±0.014	$(4.46\pm3.07)\times10^{-6}$	1.76×10^{-2}	−2.620±0.014	−1.913±0.007	0.232	0.755
GD 154	8.20±0.04	11 574±30	0.705±0.033	$(4.58\pm1.80)\times10^{-10}$	7.66×10^{-3}	−2.705±0.003	−1.955±0.003	0.326	0.661

（续表）

Star	$\log g$	$T_{\text{eff}}(\text{K})$	$M_*/M_\odot$	M_{H}/M_*	M_{He}/M_*	$\log(L/L_\odot)$	$\log(R/R_\odot)$	X_{C}	X_{O}
GD 385	8.07 ± 0.03	$11\,570\pm90$	0.632 ± 0.014	$(4.59\pm2.86)\times10^{-7}$	1.76×10^{-2}	-2.628 ± 0.005	-1.962 ± 0.005	0.232	0.755
HE 1429$-$037	8.13 ± 0.05	$11\,535\pm85$	0.660 ± 0.023	$(4.68\pm0.86)\times10^{-10}$	1.22×10^{-3}	-2.667 ± 0.018	-1.934 ± 0.013	0.258	0.729
HS 1249$+$0426	8.02 ± 0.02	$11\,521\pm35$	0.609 ± 0.012	$(3.53\pm1.08)\times10^{-5}$	2.45×10^{-2}	-2.595 ± 0.002	-1.896 ± 0.002	0.264	0.723
G 238$-$53	8.03 ± 0.02	$11\,497\pm120$	0.609 ± 0.012	$(1.54\pm0.28)\times10^{-6}$	2.46×10^{-2}	-2.613 ± 0.002	-1.904 ± 0.002	0.264	0.723
HS 1625$+$1231	8.02 ± 0.04	$11\,485\pm230$	0.609 ± 0.012	$(3.52\pm1.67)\times10^{-5}$	2.45×10^{-2}	-2.600 ± 0.016	-1.896 ± 0.012	0.264	0.723
G 29$-$38	8.01 ± 0.03	$11\,471\pm60$	0.593 ± 0.012	$(4.67\pm2.83)\times10^{-10}$	2.39×10^{-2}	-2.612 ± 0.006	-1.901 ± 0.006	0.283	0.704
PG 2303$+$242	7.88 ± 0.07	$11\,210\pm100$	0.525 ± 0.12	$(4.54\pm2.95)\times10^{-8}$	4.94×10^{-2}	-2.579 ± 0.03	-1.865 ± 0.032	0.279	0.709
MCT 0145$-$2211	7.95 ± 0.03	$11\,439\pm120$	0.570 ± 0.012	$(1.43\pm0.38)\times10^{-5}$	3.50×10^{-2}	-2.573 ± 0.014	-1.879 ± 0.012	0.301	0.686
BPM 30551	8.19 ± 0.05	$11\,435\pm40$	0.705 ± 0.033	$(4.36\pm0.26)\times10^{-6}$	7.66×10^{-3}	-2.714 ± 0.006	-1.949 ± 0.006	0.326	0.661
GD 99	8.01 ± 0.13	$11\,395\pm25$	0.660 ± 0.023	$(1.36\pm0.52)\times10^{-5}$	1.22×10^{-2}	-2.671 ± 0.005	-1.950 ± 0.068	0.258	0.729
BPM 24754	8.03 ± 0.03	$11\,390\pm50$	0.609 ± 0.012	$(4.51\pm2.72)\times10^{-6}$	2.46×10^{-2}	-2.626 ± 0.011	-1.902 ± 0.001	0.264	0.723
KUV 02464$+$3239	7.93 ± 0.03	$11\,360\pm40$	0.548 ± 0.014	$(4.71\pm2.45)\times10^{-8}$	4.21×10^{-2}	-2.579 ± 0.006	-1.876 ± 0.006	0.290	0.697
PG 1149$+$058	7.94 ± 0.02	$11\,336\pm20$	0.570 ± 0.012	$(5.29\pm2.45)\times10^{-5}$	3.69×10^{-2}	-2.579 ± 0.001	-1.875 ± 0.002	0.301	0.686
BPM 31594	7.86 ± 0.03	$11\,250\pm70$	0.525 ± 0.012	$(5.36\pm1.87)\times10^{-5}$	4.93×10^{-2}	-2.545 ± 0.009	-1.851 ± 0.009	0.279	0.709
KUV 11370$+$4222	8.06 ± 0.03	$11\,237\pm80$	0.632 ± 0.014	$(1.40\pm0.64)\times10^{-5}$	1.76×10^{-2}	-2.668 ± 0.007	-1.911 ± 0.008	0.232	0.755
HS 1824$-$6000	7.95 ± 0.08	$11\,234\pm400$	0.570 ± 0.012	$(1.43\pm0.62)\times10^{-5}$	3.50×10^{-2}	-2.605 ± 0.050	-1.879 ± 0.030	0.301	0.686
KUV 08368$+$4026	8.02 ± 0.03	$11\,230\pm95$	0.609 ± 0.012	$(1.42\pm0.52)\times10^{-5}$	2.45×10^{-2}	-2.646 ± 0.010	-1.899 ± 0.007	0.264	0.723
R 808	8.18 ± 0.05	$11\,213\pm130$	0.705 ± 0.033	$(3.59\pm1.70)\times10^{-5}$	7.63×10^{-3}	-2.738 ± 0.008	-1.944 ± 0.008	0.326	0.661
G 255$-$2	8.11 ± 0.04	$11\,185\pm30$	0.660 ± 0.023	$(4.45\pm2.12)\times10^{-6}$	1.22×10^{-2}	-2.709 ± 0.002	-1.928 ± 0.003	0.258	0.729
HL Tau$-$76	7.89 ± 0.03	$11\,111\pm50$	0.548 ± 0.012	$(1.83\pm1.03)\times10^{-4}$	4.19×10^{-2}	-2.579 ± 0.005	-1.857 ± 0.005	0.323	0.697
G 232$-$38	7.99 ± 0.04	$10\,952\pm120$	0.593 ± 0.012	$(5.19\pm1.87)\times10^{-5}$	2.38×10^{-2}	-2.666 ± 0.015	-1.888 ± 0.010	0.283	0.704
G 30$-$20	7.91 ± 0.02	$10\,950\pm15$	0.548 ± 0.012	$(5.34\pm2.18)\times10^{-5}$	4.20×10^{-2}	-2.618 ± 0.002	-1.863 ± 0.002	0.290	0.697

表 8.6　Romero 等人使用 LPCODE 程序拟合的 42 颗大质量 DAV 白矮星的最佳拟合模型参数列表[54]

Star	$\log g$	T_{eff} (K)	$M_*/M_\odot$	M_{H}/M_*	M_{He}/M_*	$\log(L/L_\odot)$	$\log(R/R_\odot)$	X_{O}
J0000−0046	8.46±0.03	11 352±53	0.878±0.021	5.17×10^{-10}	2.59×10^{-3}	−2.909±0.009	−2.041±0.014	0.611
J0048+1521	8.57±0.03	11 470±110	0.949±0.014	3.11×10^{-6}	1.19×10^{-3}	−2.958±0.017	−2.075±0.017	0.614
J0102−0032	8.12±0.03	10 985±43	0.660±0.023	4.46×10^{-7}	1.22×10^{-2}	−2.747±0.007	−1.931±0.011	0.730
J0111+0018	8.34±0.17	11 826±385	0.800±0.019	4.58×10^{-9}	4.74×10^{-3}	−2.762±0.056	−2.001±0.078	0.648
J0249−0100	8.07±0.02	11 177±34	0.632±0.012	1.40×10^{-5}	1.75×10^{-2}	−2.678±0.006	−1.991±0.009	0.755
J0303−0808	8.52±0.02	11 178±19	0.917±0.020	4.07×10^{-8}	1.34×10^{-3}	−2.977±0.003	−2.061±0.007	0.609
J0322−0049	8.12±0.06	10 967±58	0.660±0.023	4.70×10^{-8}	1.22×10^{-2}	−2.754±0.013	−1.933±0.023	0.730
J0349+1036	8.46±0.08	11 724±181	0.878±0.021	4.13×10^{-8}	2.58×10^{-3}	−2.851±0.027	−2.040±0.038	0.611
J0825+0329	8.29±0.03	11 419±57	0.770±0.025	4.28×10^{-6}	5.97×10^{-3}	−2.781±0.009	−1.981±0.012	0.655
J0825+4119	8.65±0.03	11 921±88	0.998±0.013	3.83×10^{-8}	7.74×10^{-4}	−2.957±0.013	−2.107±0.015	0.629
J0843+0431	8.39±0.04	10 995±47	0.837±0.021	9.96×10^{-6}	3.18×10^{-3}	−2.913±0.008	−2.013±0.018	0.640
J0855+0635	8.34±0.05	10 989±56	0.800±0.019	4.43×10^{-7}	4.47×10^{-3}	−2.883±0.009	−1.999±0.020	0.648
J0923+0120	8.58±0.02	11 123±30	0.949±0.014	5.18×10^{-10}	1.20×10^{-3}	−3.023±0.004	−2.080±0.010	0.614
J0925+0509	8.34±0.04	10 617±46	0.800±0.019	5.62×10^{-10}	4.74×10^{-3}	−2.948±0.008	−2.002±0.018	0.648
J0939+5609	8.28±0.12	11 672±239	0.770±0.025	1.23×10^{-5}	5.96×10^{-3}	−2.738±0.037	−1.979±0.053	0.655
J0940−0052	8.29±0.12	10 817±230	0.770±0.025	1.23×10^{-5}	5.96×10^{-3}	−2.872±0.037	−1.980±0.053	0.655
J1105−1613	8.22±0.14	11 336±133	0.837±0.021	4.32×10^{-7}	3.19×10^{-3}	−2.757±0.020	−1.963±0.036	0.640
J1200−0251	8.52±0.06	11 715±230	0.917±0.020	3.69×10^{-7}	1.33×10^{-3}	−2.892±0.034	−2.059±0.024	0.609
J1216+0922	8.30±0.10	11 658±205	0.770±0.025	4.57×10^{-8}	5.97×10^{-3}	−2.753±0.030	−1.985±0.044	0.655
J1218+0042	8.20±0.11	11 321±221	0.705±0.023	4.48×10^{-8}	7.66×10^{-3}	−2.741±0.035	−1.954±0.049	0.661
J1222−0243	8.40±0.06	11 180±85	0.837±0.020	4.41×10^{-8}	3.19×10^{-3}	−2.893±0.013	−2.019±0.024	0.640

（续表）

Star	$\log g$	T_{eff} (K)	$M_*/M_\odot$	M_{H}/M_*	M_{He}/M_*	$\log(L/L_\odot)$	$\log(R/R_\odot)$	X_{O}
J 1257+0124	8.18 ± 0.06	$11\,172\pm72$	0.705 ± 0.023	3.59×10^{-5}	7.63×10^{-3}	-2.744 ± 0.018	-1.944 ± 0.022	0.661
J 1323+0103	8.51 ± 0.04	$11\,535\pm72$	0.917 ± 0.020	3.90×10^{-6}	1.31×10^{-3}	-2.914 ± 0.011	-2.057 ± 0.016	0.609
J 1337+0104	8.40 ± 0.02	$11\,245\pm30$	0.837 ± 0.021	4.58×10^{-9}	3.19×10^{-3}	-2.884 ± 0.004	-2.020 ± 0.005	0.640
J 1612+0830	8.17 ± 0.19	$11\,818\pm350$	0.705 ± 0.023	3.59×10^{-5}	7.63×10^{-3}	-2.645 ± 0.092	-1.943 ± 0.087	0.661
J 1641+3521	8.20 ± 0.04	$11\,499\pm62$	0.721 ± 0.025	3.13×10^{-5}	7.22×10^{-3}	-2.710 ± 0.010	-1.952 ± 0.016	0.659
J 1650+3010	8.69 ± 0.05	$11\,169\pm100$	1.024 ± 0.013	1.83×10^{-6}	5.56×10^{-4}	-3.099 ± 0.016	-2.121 ± 0.026	0.631
J 1711+6541	8.61 ± 0.02	$11\,280\pm83$	0.976 ± 0.014	3.44×10^{-7}	1.09×10^{-3}	$-3.033\,6\pm0.013$	-2.721 ± 0.011	0.613
J 2128−0007	8.62 ± 0.10	$11\,569\pm150$	0.976 ± 0.014	5.12×10^{-10}	1.10×10^{-3}	-2.985 ± 0.022	-2.095 ± 0.051	0.613
J 2159+1322	8.57 ± 0.04	$11\,670\pm41$	0.976 ± 0.014	3.93×10^{-8}	1.10×10^{-3}	-2.936 ± 0.007	-2.079 ± 0.015	0.613
J 2208+0654	8.57 ± 0.04	$11\,138\pm61$	0.949 ± 0.014	3.11×10^{-6}	1.19×10^{-3}	-3.012 ± 0.010	-2.076 ± 0.019	0.614
J 2208+2059	8.74 ± 0.06	$11\,355\pm110$	1.050 ± 0.013	1.44×10^{-6}	1.09×10^{-3}	-3.103 ± 0.017	-2.138 ± 0.029	0.613
J 2209−0919	8.57 ± 0.04	$11\,943\pm102$	0.949 ± 0.014	3.66×10^{-8}	1.19×10^{-3}	-2.897 ± 0.015	-2.078 ± 0.018	0.614
J 2214−0025	8.40 ± 0.17	$11\,635\pm246$	0.878 ± 0.021	4.13×10^{-8}	2.58×10^{-3}	-2.825 ± 0.038	-2.019 ± 0.074	0.611
J 2319+5153	8.57 ± 0.06	$11\,755\pm98$	0.976 ± 0.014	3.93×10^{-8}	1.10×10^{-3}	-2.925 ± 0.015	-2.079 ± 0.023	0.613
J 2350−0054	8.70 ± 0.04	$11\,082\pm59$	1.024 ± 0.013	3.74×10^{-8}	5.58×10^{-4}	-3.117 ± 0.009	-2.123 ± 0.021	0.631
J 1916+3938	8.40 ± 0.03	$11\,391\pm50$	0.837 ± 0.021	4.41×10^{-8}	3.16×10^{-3}	-2.860 ± 0.008	-2.019 ± 0.010	0.640
G 226−29	8.28 ± 0.08	$12\,270\pm401$	0.770 ± 0.025	2.02×10^{-5}	5.95×10^{-5}	-2.647 ± 0.056	-1.977 ± 0.092	0.655
L 19−2	8.17 ± 0.08	$12\,033\pm316$	0.705 ± 0.023	3.59×10^{-5}	7.63×10^{-3}	-2.613 ± 0.046	-1.943 ± 0.037	0.661
G 207−9	8.40 ± 0.12	$12\,030\pm198$	0.837 ± 0.021	4.32×10^{-7}	3.19×10^{-3}	-2.761 ± 0.029	-2.017 ± 0.058	0.640
EC 0532−560	8.58 ± 0.05	$11\,281\pm64$	0.949 ± 0.014	4.16×10^{-9}	1.20×10^{-3}	-2.998 ± 0.010	-2.080 ± 0.022	0.634
BPM 30551	8.21 ± 0.07	$11\,157\pm106$	0.721 ± 0.025	4.31×10^{-6}	7.25×10^{-3}	-2.772 ± 0.016	-1.957 ± 0.029	0.659

第 9 章

未来工作展望

上一章介绍了脉动白矮星的星震学模型拟合工作,本章将对未来工作做出展望。

9.1 基于工作站演化精密的网格化参数模型

感谢国家自然科学基金委员会对本人研究团组工作的大力支持。近来,团组已经购买了高性能工作站,计划使用工作站安装 7.3 小节的 WDEC(2018)+MESA(8118)演化程序,演化一整套精密的 DAV 白矮星网格化参数模型和 DBV 白矮星网格化参数模型,做好文件的记录和标识工作。这一工作可以为后期开展单星拟合和多星拟合工作做准备。这一整套精密的 DAV 和 DBV 白矮星网格化参数模型就是后期研究工作的初始网格模型,而不再针对某颗单星演化初始网格模型。

在未来的工作中,可以将网格参数范围适当增大,步长适当缩小,以便获得精密的初始网格模型。以 DAV 白矮星有效温度为例,选择有效温度范围 $10\,600\sim12\,600$ K,步长取为 50 K,那么有效温度即有 41 个格点。如果白矮星质量范围选择 $0.500\sim0.800M_\odot$,步长取 $0.005M_\odot$,那么白矮星质量贡献 61 个格点。氦包层和氢大气取表格 8.1 中的范围和中间步长的话分别贡献 5 和 13 个格点。那么四个网格参数即有约 16 万个模型。2018 版 WDEC 加入了混合区氦丰度参数,如果该参数取 $0.1\sim0.9$,步长为 0.1 的话那么就有一百多万个模型了。该模型的中心核组成参数是一致的,可参考 MESA 热核燃烧的白矮星模型中心核组成轮廓选择一组固定的中心核组成参数。白矮星中心核氧丰度受前身星主序星中心核对流超射、初始金属丰度、中心氦燃烧时的半对流、喘息对流抑制以及核反应速率等物理规律的影响十分显著[39]。可据此为白矮星中心核氧丰度设置一个合理的范围。另外,不同质量的主序星演化生成的白矮星的中心核氧丰度也会不同。表 9.1 为 Althaus 等人使用 LPCODE 程序计算的 1～5 个太阳质量的恒星从主序星到白矮星阶段的信息表格[77]。主序星质量、白矮星质量、氦核燃烧后氧丰度以及瑞利-泰勒再均匀化后的氧丰度分别被列在表中。从表中可以看出，$2.25M_\odot$ 的主序星将演化成为约 $0.63M_\odot$ 的白矮星，其中心核氧丰度出现一个峰值。白矮星的氧丰度大约在 0.61～0.79 的范围内浮动。可在此范围内合理设置白矮星中心核氧丰度参数，实现中心核氧丰度轮廓在合理范围内可精调和微调，开展星震学模型拟合工作。使用 MESA 演化 $1～7M_\odot$ 的主序星到白矮星，研究生成的白矮星中心核氧丰度轮廓，并和表 9.1 中的结果做比较。根据比较结果设置合理的中心核氧丰度参数。

表 9.1　Althaus 等人使用 LPCODE 程序计算的主序星到白矮星阶段的信息表格[77]

M_{ZAMS}	M_{WD}	$X_O(CHB)$	$X_O(RT)$
1.00	0.524 9	0.702	0.788
1.50	0.570 1	0.680	0.686
1.75	0.593 2	0.699	0.704
2.00	0.609 6	0.716	0.723
2.25	0.632 3	0.747	0.755
2.50	0.659 8	0.722	0.730
3.00	0.705 1	0.658	0.661
3.50	0.767 0	0.649	0.655
4.00	0.837 3	0.635	0.641
5.00	0.877 9	0.615	0.620

在开始演化网格白矮星模型之前，要先关掉不必要的输出，否则磁盘空间会不够用。建议暂时先只输出理论计算周期。待筛选出初始最佳拟合模型后，若想要检查其他参数，则只需重新计算该初始最佳拟合模型的所有参数输出即可。移动文件、开展模型拟合、筛选最佳拟合模型等均使用 linux 系统终端操作。包含上百万个文件的文件夹很难实时双击打开。另外还应附配套小文件做好记录工作。

9.2 精调核轮廓开展单星拟合

WDEC(2018)＋MESA(8118)演化程序的 v16 模式包含了白矮星中心核氧丰度的调控参数，如图 7.5 所示。对于认证好的单颗脉动白矮星，先根据上面初始网格模型筛选出初始最佳拟合模型。然后在初始最佳拟合模型各个参数附近精调各个参数，包括中心核参数 w1～3 和 h1～3。通过精调各个参数以及核组成轮廓参数，希望获得拥有微小拟合误差的最佳拟合模型。使用固定核组成的演化模型开展白矮星星震学模型拟合，拟合误差一般在 2 s 数量级。使用 WDEC(2018)＋MESA(8118)演化程序微调核轮廓尝试拟合 DAV 白矮星 J 1257＋0124 的 8 个模式即获得了小于 1 s 的拟合误差。如果精调核参数和包层参数，将有机会获得拟合误差非常小的最佳拟合模型。该 WDEC(2018)＋MESA(8118)程序潜力巨大，有望朝着精确星震学方向快速前进，进而获得更精准的目标白矮星物理参数。

使用开普勒计划空间望远镜对 DBV 白矮星 KIC 08626021 的 23 个月的高精度测光观测数据，Zong 等人认证了 2 组完整的三分裂模式、1 组非完整的三分裂模式和 5 个独立的本征模式，如表 9.2 所示[100]。空间望远镜的高精度数据有机会使我们朝着精确星震学的方向快速前进。从表 9.2 中可以看出，望远镜探测到的本征频率精度非常高，对应的周期精度在微秒数量级。

利用白矮星质量半径关系、局地光度和积分质量关系，给定白矮星的重力加速度、有效温度、包层大气、中心核组成、对流效率等可以构建静态白矮星模型[101]。相比于演化模型，静态模型更具有灵活性，不受演化时标、空间存储等限制。使用静态白矮星模型，Giammichele 等人在 2016 年对 DAV 白矮星 GD 165 和 R548 开展了星震学模型拟合分析，均获得了小于 1 s 的拟合误差[101]。Giammichele 等人又在 2018 年使用静态 DBV 白矮星模型对表 9.2 中的独立本征频率开展了精细的星震学模型拟合，获得了近乎完美的拟合结果，如表 9.3 所示[102]。从表中可以看出，观测获得的频率或者周期被理论计算的频率或周期完美地拟合上了。该最佳拟合模型的轮廓对恒星结构与演化有极强的指导意义。最佳拟合模型的有效温度为 29 968±198 K，可见这是一颗高温 DBV 白矮星。高温

表 9.2　Zong 等人对 DBV 白矮星 KIC08626021 的模式式认证[100]

Id.	Frequency (μHz)	σ_f (μHz)	Period (s)	σ_p (s)	Amplitude (%)	σ_A (%)	Phase	σ_Ph	S/N	Comment
$f_{1,-}$	4 306.523 04	0.000 13	232.205 886	0.000 007	0.867	0.012	0.798 7	0.003 7	73.4	$f_{1,-}$ in BK14
$f_{1,0}$	4 309.914 90	0.000 14	232.023 143	0.000 007	0.804	0.012	0.526 4	0.004 0	68.1	$f_{1,0}$ in BK14
$f_{1,+}$	4 313.306 42	0.000 16	231.840 705	0.000 008	0.701	0.012	0.788 5	0.004 6	59.3	$f_{1,+}$ in BK14
$f_{2,-}$	5 070.030 81	0.000 17	197.237 460	0.000 007	0.641	0.012	0.152 1	0.005 0	54.3	$f_{2,-}$ in BK14
$f_{2,0}$	5 073.234 11	0.000 16	197.112 922	0.000 006	0.705	0.012	0.039 4	0.004 6	59.8	$f_{2,0}$ in BK14
$f_{2,+}$	5 076.443 85	0.000 66	196.988 291	0.000 026	0.167	0.012	0.146 2	0.019 2	14.1	$f_{2,+}$ in BK14
$f_{3,0}{}^\dagger$	3 681.802 86	0.000 28	271.606 068	0.000 020	0.397	0.012	0.134 7	0.008 2	33.6	$f_{3,0}$ in BK14
$f_{3,+}{}^\dagger$	3 685.009 37	0.000 52	271.369 731	0.000 038	0.212	0.012	0.406 6	0.015 3	18.0	$f_{3,+}$ in BK14
f_4	2 658.777 40	0.000 47	376.112 721	0.000 067	0.233	0.012	0.614 7	0.014 0	19.7	f_5 in BK14
f_5	4 398.372 30	0.000 68	227.356 834	0.000 035	0.161	0.012	0.759 8	0.020 0	13.6	f_7 in BK14
f_6	3 294.369 28	0.000 79	303.548 241	0.000 073	0.139	0.012	0.093 4	0.023 4	11.8	$f_{4,0}$ in BK14
f_7	3 677.993 73	0.000 88	271.887 358	0.000 065	0.125	0.012	0.677 3	0.026 0	10.6	$f_{3,-}$ in BK14
f_9	6 981.261 29	0.001 39	143.240 592	0.000 028	0.079	0.012	0.010 5	0.040 4	6.7	f_{11} in BK14
Linear combination frequencies										
f_8	6 965.302 34	0.000 90	143.568 786	0.000 019	0.121	0.012	0.835 8	0.026 4	10.3	$f_{1,-}+f_4$; f_6 in O13 [a]
f_{10}	2 667.954 62	0.001 64	374.818 969	0.000 230	0.067	0.012	0.748 9	0.048 4	5.7	$f_9-f_{1,+}$
Frequencies above 5σ detection										
$f_{11}{}^*$	2 676.382 12	0.001 70	373.638 725	0.000 236	0.065	0.012	0.144 3	0.050 1	5.5	
$f_{12}{}^*$	3 290.245 65	0.001 76	303.928 675	0.000 163	0.063	0.012	0.075 2	0.051 9	5.3	$f_{4,-}$ in BK14

DBV 白矮星中,等离子中微子与能量损失过程关系密切[53],通过测量高温 DBV 白矮星脉动周期的变化率有机会探测中微子能量损失对光度的贡献[103]。但由于 KIC 08626021 振动模式的频率和振幅存在短时标调制,因此难以开展该方面的研究[100]。Timmes 等人在 2018 年研究了中微子对白矮星光度的贡献和对脉动频率的影响,并提出对高温 DBV 白矮星 KIC 08626021 的星震学研究工作不能忽视中微子能量损失过程[104]。Charpinet 等人在 2019 年的工作[105]中使用考虑中微子损失的改进版静态 DBV 白矮星模型重新研究了 KIC 08626021,认为在研究高温 DBV 白矮星时,对中微子冷却的研究确实必不可少,但是 Giammichele 等人在 2018 年对 KIC 08626021 的重要研究结果[102]依然有效。

表 9.3　Giammichele 等人使用静态白矮星模型对 DBV
白矮星 KIC 08626021 的完美拟合[102]

l	k	v_{obs} (μHz)	v_{th} (μHz)	P_{obs} (s)	P_{th} (s)	$\log E$ (erg)	C_{kl}	ID
1	−1	⋯	8 068.032 08	⋯	123.945 962	48.875	0.287 4	
1	−2	⋯	6 067.641 55	⋯	164.808 681	47.711	0.401 2	
1	−3	5 073.234 11	5 073.234 11	197.112 922	197.112 922	47.181	0.427 6	f_2
1	−4	4 309.914 90	4 309.914 90	232.023 143	232.023 143	46.678	0.455 5	f_1
1	−5	3 681.802 86	3 681.802 86	271.606 068	271.606 068	46.197	0.468 1	f_3
1	−6	3 294.369 28	3 294.369 28	303.548 241	303.548 241	46.018	0.470 2	f_6
1	−7	⋯	2 971.718 50	⋯	336.505 628	45.878	0.478 4	
1	−8	⋯	2 616.203 75	⋯	382.233 227	45.571	0.483 4	
2	−2	⋯	9 825.055 26	⋯	101.780 598	47.427	0.096 3	
2	−3	⋯	8 088.378 17	⋯	123.634 180	46.913	0.109 8	
2	−4	6 981.261 29	6 981.261 29	143.240 592	143.240 592	46.557	0.121 8	f_9
2	−5	⋯	6 110.756 61	⋯	163.645 857	46.055	0.141 1	
2	−6	⋯	5 399.550 96	⋯	185.200 586	45.886	0.144 0	
2	−7	⋯	4 859.143 57	⋯	205.797 583	45.930	0.141 7	
2	−8	4 398.372 30	4 398.372 30	227.356 834	227.356 834	45.439	0.154 0	f_5
2	−9	⋯	3 994.395 16	⋯	250.350 794	45.414	0.152 8	
2	−10	3 677.993 73	3 677.993 73	271.887 358	271.887 358	45.365	0.152 0	f_7
2	−11	⋯	3 406.570 28	⋯	293.550 380	44.746	0.159 3	

（续表）

l	k	v_{obs} (μHz)	v_{th} (μHz)	P_{obs} (s)	P_{th} (s)	$\log E$ (erg)	C_{kl}	ID
2	−12	⋯	3 138.959 72	⋯	318.576 882	44.555	0.157 5	
2	−13	⋯	2 967.786 47	⋯	336.951 465	44.208	0.158 1	
2	−14	⋯	2 808.263 51	⋯	356.091 939	43.571	0.162 2	
2	−15	2 658.777 40	2 658.777 40	376.112 721	376.112 721	43.540	0.161 9	f_4
2	−16	⋯	2 531.883 38	⋯	394.962 900	43.834	0.159 7	

　　对白矮星的研究来自对恒星结构与演化的研究，我们希望由经过一系列恒星结构与演化过程获得的白矮星模型计算出的理论振动周期也能够精确拟合观测到的白矮星脉动周期。那么恒星结构与演化理论同白矮星星震学将相互促进，共同迈向一个新的台阶。

9.3　微调核轮廓开展多星拟合

　　对于单星拟合工作，可以反复地精调各个参数的数值组合以获得更小的模型拟合误差。开展多星拟合时没必要对每一颗星都反复多次地精调各个参数，因为精确调整参数获得更小拟合误差的同时，白矮星的整体参数并没有太大的改变。对于多颗星开展的拟合，某个参数的平均情况（比如白矮星总质量）对某颗单星的数值的微小浮动依赖程度不高。为了提高工作效率，开展多星拟合时微调核轮廓参数即可。

　　基于上述精密网格化参数模型，可将核轮廓也作为可调整的参数（微调），开展多星拟合工作。具体参数见表 9.4。表 9.4 中，中心核参数暂取 4 个，已经可以带来丰富多样的中心核信息了。按照表 9.4 中的参数范围和步长，将演化 924 万个 DAV 白矮星模型和 1 067 万个 DBV 白矮星模型。平均约 12 秒演化一个模型，分十个文件夹平行计算，每个文件夹约包含 100 万个白矮星模型，大约需要 5 个月时间，在可以接受的范围内。可调参数多了，拟合误差理当有所减小，也理当获得相对更精确的拟合结果。只有具有较多的观测认证模式才能更有效地约束拟合模型。多星拟合工作计划从拟合振动周期个数大于等于 5 个的 DAV 白矮星开始。表 9.5 展示了著者搜集的观测周期个数大于等于 5 个的 DAV 白矮星的信息。获得了最佳拟合模型以后,可以从整体上讨论通过星震学模型拟合方法获得的白矮星总质量分布规律、有效温度分布规律、DAV白矮星平均氢大气厚度等。

表9.4　多星拟合时考虑中心核参数的拟合参数输入

网格参数	取值范围	初始步长（格点个数）	精细步长
DAV 有效温度(K)	10 600～12 600	200(11)	50
DBV 有效温度(K)	20 000～32 000	200(61)	50
白矮星总质量(以太阳质量为单位)	0.500～0.850	0.010(36)	0.005
总外包层质量、氦包层质量、氢大气质量(质量分数取对数)	−2～−3 −3～−5 −5～−10	1.00 (DAV:24) (DBV:5)	0.01
碳/氦混合区氦丰度	0.10～0.90	0.16(6)	0.01
中心核氧丰度参数 h1	0.60～0.75	0.03(6)	0.01
中心核氧丰度参数 h2(h1 的百分比)	0.65～0.71	0.03(3)	0.01
中心核氧丰度参数 w1	0.32～0.38	0.03(3)	0.01
中心核氧丰度参数 w2	0.42～0.48	0.03(3)	0.01

表9.5　初步筛选的用于多星拟合的观测周期个数大于等于 5 的 DAV 白矮星

目标白矮星	周期个数	参考文献	目标白矮星	周期个数	参考文献	目标白矮星	周期个数	参考文献
HE 1258＋0123	6	96	GD 244	5	96	WDJ 0906−0024	5	99
HE 1625＋1231	8	96	G38−29	14	96	PG 2303＋242	5	99
KUV　　02464＋3239	6	96	L19−2	5	96	WDJ 1216＋0922	6	99
WDJ 1354＋0108	5	99	G185−32	5	96	HS 1625＋1231	8	99
WDJ 1015＋5954	5	99	G29−38	14	96	WDJ 2209−0919	5	99
WDJ 2135−0743	5	99	HLTau76	12	96	HS 0507＋0434B	6	16
WDJ 0949−0000	5	99	G207−9	5	96	EC 14012−1446	25	69
WDJ 2231＋1346	5	99	R548	5	96	KUV 11370＋4222	8	50
EC 0049−473	5	99	R808	17	96	J1257＋0124	8	54

认真学习恒星结构与演化理论,将多星拟合获得的白矮星参数和恒星结构与演化理论结合起来统筹分析,便有希望获得更精准的恒星结构与演化理论和更精确的白矮星参数。统计最佳拟合模型的总质量分布和对应的中心核氧丰度分布,查看最佳拟合模型中 $0.63M_\odot$ 的白矮星中心核氧丰度是否出现了峰值,和表 9.1 给出的趋势是否一致,可据此研究目标白矮星的前身星演化过程。

另外,开展了 DAV 白矮星的多星拟合工作以后可以尝试开展 DBV 白矮星的多星拟合工作,统计 DBV 白矮星的多星拟合参数特征并开展初步研究工作。比如统计多星拟合 DBV 白矮星最佳拟合模型的质量分布直方图并和多星拟合 DAV 白矮星最佳拟合模型的质量分布直方图做比较,查看是否会出现图 1.1 中显示的 DB 型白矮星质量略高于 DA 型白矮星质量的物理规律。

9.4　结束语

如果从就读研究生开始算起,著者从事研究工作已经十年了。初步研究了十颗脉动白矮星的星震学模型拟合,相当于十年来只做了脉动白矮星的星震学模型拟合这一件事情。研究过程中积累的经验已经融入到了本书各个章节之中。

研究工作是充实的。课间、中午、晚上、周末、假期,著者在大部分空余时间里都在从事白矮星星震学研究工作。

研究工作是有趣的。每当自己有了一个创新的想法去搜索文献时,就会发现自己的想法和文献作者的想法不谋而合了。

研究工作是美好的。每次阅读审稿人的审稿意见,我都能感觉到审稿人懂我,仿佛找到了一个老朋友、一个知己。

研究工作是幸福的。感谢各位老师、各位师兄弟姐妹、各位同行专家的指导帮助。在未来的工作中,著者希望能够获得更多的科学知识,取得更好的研究成果,将学到的知识和取得的成果传递给学生。

基础研究工作不直接产生经济价值。我儿子正在上幼儿园,他经常问我太阳为什么从东边升起,宇宙是从哪里来的,宇宙大爆炸以前是什么样的等问题。我想,基础研究工作是人类进步的基石。守候科研初心,迈向严谨治学,矢志不渝探索,坚持不懈追寻。加油!

参考文献

[1] Kleinman S J, Kepler S O, Koester D, et al. SDSS DR7 white dwarf catalog[J]. The Astrophysical Journal, Supplement Series, 2013, 204.

[2] Althaus L G, García-Berro E, Isern J, et al. Mass-radius relations for massive white dwarf stars[J]. Astronomy & Astrophysics, 2005, 441(2): 689 – 694.

[3] Althaus L G, Panei J A, Romero A D, et al. Evolution and colors of helium-core white dwarf stars with high-metallicity progenitors [J]. Astronomy & Astrophysics, 2009, 502(1): 207 – 216.

[4] Althaus L G, Serenelli A M, Benvenuto O G. Diffusion and the occurrence of hydrogen-shell flashes in helium white dwarf stars[J]. Monthly Notices of the Royal Astronomical Society, 2001, 323(2): 471 – 483.

[5] Renedo I, Althaus L G, Bertolami M M M, et al. New cooling sequences for old white dwarfs[J]. The Astrophysical Journal, 2010, 717(1): 183.

[6] Althaus L G, Panei J A, Bertolami M M M, et al. New evolutionary sequences for hot H-deficient white dwarfs on the basis of a full account of progenitor evolution[J]. The Astrophysical Journal, 2009, 704(2): 1605.

[7] 陈彦辉,舒虹. 天文学入门:带你一步步探索星空[M]. 北京:中国科学技术出版社,2019.

[8] Chen Y H. Asteroseismology of the DOV star PG 1159 – 035[J]. Monthly Notices of the Royal Astronomical Society, 2019, 488(2): 2253 – 2262.

[9] 李焱. 恒星结构演化引论[M]. 北京:北京大学出版社,2014.

[10] 余明. 简明天文学教程[M]. 北京:科学出版社,2012.

[11] Brickhill A J, Warner B. The gravity oscillations of white dwarfs[J]. Monthly Notices of the Royal Astronomical Society, 1975, 170(2): 405 – 421.

[12] Costa J E S, Kepler S O, Winget D E, et al. The pulsation modes of the pre-white dwarf PG 1159 – 035[J]. Astronomy & Astrophysics, 2008, 477(2): 627 – 640.

[13] Vauclair G, Moskalik P, Pfeiffer B, et al. Asteroseismology of RXJ 2117 +

3412, the hottest pulsating PG 1159 star[J]. Astronomy & Astrophysics, 2002, 381(1): 122 - 150.

[14] Winget D E, Nather R E, Clemens J C, et al. Whole earth telescope observations of the DBV white dwarf GD 358[J]. The astrophysical journal. Chicago. Vol. 430, no. 2, pt. 1 (Aug. 1994), p. 839 - 849, 1994.

[15] Hermes J J, Kawaler S D, Bischoff-Kim A, et al. A deep test of radial differential rotation in a helium-atmosphere white dwarf. I. Discovery of pulsations in PG 0112 + 104[J]. The Astrophysical Journal, 2017, 835(2): 277.

[16] Fu J N, Dolez N, Vauclair G, et al. Asteroseismology of the ZZ Ceti star HS 0507 + 0434B[J]. Monthly Notices of the Royal Astronomical Society, 2013, 429(2): 1585 - 1595.

[17] Dolez N, Vauclair G, Kleinman S J, et al. Whole Earth telescope observations of the ZZ Ceti star HL Tau 76[J]. Astronomy & Astrophysics, 2006, 446(1): 237 - 257.

[18] Jones P W, Pesnell W D, Hansen C J, et al. On the possibility of detecting weak magnetic fields in variable white dwarfs[J]. The Astrophysical Journal, 1989, 336: 403 - 408.

[19] Winget D E, Hansen C J, Fontaine G, et al. Asteroseismology of the DOV star PG 1159—035 with the Whole Earth Telescope[J]. The astrophysical journal. Chicago. Vol. 378, no. 1, pt. 1 (Sept. 1991), p. 326 - 346, 1991.

[20] Külebi B, Jordan S, Euchner F, et al. Analysis of hydrogen-rich magnetic white dwarfs detected in the Sloan Digital Sky Survey [J]. Astronomy & Astrophysics, 2009, 506(3): 1341 - 1350.

[21] Wickramasinghe D T, Ferrario L. The origin of the magnetic fields in white dwarfs[J]. Monthly Notices of the Royal Astronomical Society, 2005, 356(4): 1576 - 1582.

[22] McCook G P, Sion E M. A catalog of spectroscopically identified white dwarfs [J]. The Astrophysical Journal Supplement Series, 1999, 121(1): 1.

[23] 周世勋,陈灏. 量子力学教程[M]. 2版. 北京:高等教育出版社,2009.

[24] Beauchamp A, Wesemael F, Bergeron P, et al. Spectroscopic studies of DB white dwarfs: the instability strip of the pulsating DB (V777 Herculis) stars [J]. The Astrophysical Journal, 1999, 516(2): 887.

[25] Jahn D, Rauch T, Reiff E, et al. High-resolution ultraviolet spectroscopy of PG 1159—035 with HST and FUSE[J]. Astronomy & Astrophysics, 2007, 462

(1): 281－292.

[26] Koester D. White dwarf spectra and atmosphere models [J]. arXiv preprint arXiv:0812.0482，2008.

[27] 陈彦辉. DA 型脉动变星的星震学研究 [D]. 中国科学院研究生院（云南天文台），2014.

[28] Bergeron P, Wesemael F, Lamontagne R，et al. Optical and ultraviolet analyses of ZZ Ceti stars and study of the atmospheric convective efficiency in DA white dwarfs[J]. The Astrophysical Journal，1995，449：258.

[29] Werner K, Rauch T, Kruk J W，et al. Iron abundance in the prototype PG 1159 star, GW Vir pulsator PG 1159－035，and related objects[J]. Astronomy & Astrophysics，2011，531：A146.

[30] Xu S, Jura M, Koester D，et al. Elemental compositions of two extrasolar rocky planetesimals[J]. The Astrophysical Journal，2014，783(2)：79.

[31] Zhao J K, Luo A L, Oswalt T D，et al. 70 DA white dwarfs identified in LAMOST pilot survey[J]. The Astronomical Journal，2013，145(6)：169.

[32] Guo J, Zhao J, Tziamtzis A，et al. White dwarfs identified in LAMOST DR 2 [J]. Monthly Notices of the Royal Astronomical Society，2015，454(3)：2787－2797.

[33] Kong X, Luo A L, Li X R. A catalog of DB white dwarfs from the LAMOST DR5 and construction of templates [J]. Research in Astronomy and Astrophysics，2019，19(6)：088.

[34] Chen Y H. Application of the screened Coulomb potential to fit the DA-type variable star HS 0507＋0434B[J]. Monthly Notices of the Royal Astronomical Society，2020，495(2)：2428－2435.

[35] Paxton B, Bildsten L, Dotter A，et al. Modules for experiments in stellar astrophysics (MESA)[J]. The Astrophysical Journal Supplement Series，2010，192(1)：3.

[36] Hermes J J, Montgomery M H, Winget D E，et al. SDSS J184037.78＋642312.3：the first pulsating extremely low mass white dwarf [J]. The Astrophysical Journal Letters，2012，750(2)：L28.

[37] Jeffery C S, Saio H. Pulsation in extremely low mass helium stars[J]. Monthly Notices of the Royal Astronomical Society，2013，435(1)：885－892.

[38] 黄润乾. 恒星物理[M]. 北京：中国科学技术出版社，2006.

[39] Salaris M, Cassisi S, Pietrinferni A，et al. A large stellar evolution database for population synthesis studies. Ⅵ. White dwarf cooling sequences [J]. The

Astrophysical Journal，2010，716(2)：1241.

[40] Fowler R H, Guggenheim E A. Applications of statistical mechanics to determine the properties of matter in stellar interiors. Part I The mean molecular weight. Part II. TheAdiabatics[J]. Monthly Notices of the Royal Astronomical Society，1925，85：939 - 961.

[41] Chandrasekhar S. The maximum mass of ideal white dwarfs [J]. The Astrophysical Journal，1931，74：81.

[42] Prialnik D. An introduction to the theory of stellar structure and evolution[M]. Cambridge University Press，2000.

[43] Chandrasekhar S. The highly collapsed configurations of a stellar mass[J]. Monthly Notices of the Royal Astronomical Society，1931，91：456 - 466.

[44] Chandrasekhar S. The highly collapsed configurations of a stellar mass (Secondpaper)[J]. Monthly Notices of the Royal Astronomical Society，1935，95：207 - 225.

[45] Brickhill A J. The pulsations of ZZ Ceti stars—III. The driving mechanism[J]. Monthly Notices of the Royal Astronomical Society，1991，251(4)：673 - 680.

[46] Goldreich P, Wu Y. Gravity modes in ZZ Ceti stars. I. Quasi-adiabatic analysis of overstability[J]. The Astrophysical Journal，1999，511(2)：904.

[47] Fontaine G, Graboske Jr H C, Van Horn H M. Equations of state for stellar partial ionization zones [J]. The Astrophysical Journal Supplement Series，1977，35：293.

[48] 陈彦辉.线性谐振子加空间转子模型的初步分析[J].楚雄师范学院学报,2020，35(06)：35 - 37.

[49] 陈彦辉.利用统计物理规律对线性谐振子加空间转子模型的初步讨论[J].楚雄师范学院学报,2021,36(03)：27 - 30.

[50] Su J, Li Y, Fu J N, et al. Asteroseismology of the ZZ Ceti star KUV 11370+4222[J]. Monthly Notices of the Royal Astronomical Society，2014，437(3)：2566 - 2576.

[51] Thoul A A, Bahcall J N, Loeb A. Element diffusion in the solar interior[J]. The Astrophysical Journal，1994，421：828 - 842.

[52] Paquette C, Pelletier C, Fontaine G, et al. Diffusion coefficients for stellar plasmas[J]. The Astrophysical Journal Supplement Series，1986，61：177 - 195.

[53] Winget D E, Sullivan D J, Metcalfe T S, et al. A strong test of electroweak theory using pulsating DB white dwarf stars as plasmon neutrino detectors[J].

The Astrophysical Journal, 2004, 602(2): L109.

[54] Romero A D, Kepler S O, Córsico A H, et al. Asteroseismological study of massive ZZ Ceti stars with fully evolutionary models[J]. The Astrophysical Journal, 2013, 779(1): 58.

[55] Winget D E, Hansen C J, Van Horn H M. Do pulsating PG 1159－035 stars put constraints on stellar evolution? [J]. Nature, 1983, 303(5920): 781－782.

[56] Kepler S O, Costa J E S, Castanheira B G, et al. Measuring the evolution of the most stable optical clock G 117－B15A[J]. The Astrophysical Journal, 2005, 634(2): 1311.

[57] Kepler S O, Costa J E S, Mukadam A, et al. Measuring evolutionary rates[C]. 14th European Workshop on White Dwarfs. 2005, 334: 501.

[58] Chen Y H, Ding C Y, Na W W, et al. The rate of period change in DAV stars [J]. Research in Astronomy and Astrophysics, 2017, 17(7): 065.

[59] Córsico A H, Althaus L G, Romero A D, et al. An independent limit on the axion mass from the variable white dwarf star R548[J]. Journal of Cosmology and Astroparticle Physics, 2012, 2012(12): 010.

[60] Bertolami MM M, Althaus L G. Full evolutionary models for PG 1159 stars. Implications for the helium-rich O (He) stars[J]. Astronomy & Astrophysics, 2006, 454(3): 845－854.

[61] Christensen-Dalsgaard J. Stellar oscillations [J]. Institut for Fysik og Astronomi, Aarhus Universitet, Denmark, 2003.

[62] Handler G, Oswalt T D, McLean I S, et al. Planets, Stars and Stellar Systems [J]. Volume, 2013, 4: 207.

[63] Chen X, Li Y, Lin G, et al. Exploring the helium core of the δScuti star CoRoT 102749568 with asteroseismology[J]. The Astrophysical Journal, 2017, 834 (2): 146.

[64] Córsico A H. Pulsations in white dwarf and pre-white dwarf variable stars[J]. Boletin de la Asociacion Argentina de Astronomia La Plata Argentina, 2009, 52: 317－326.

[65] Córsico A H, Althaus L G, Miller Bertolami M M, et al. Pulsating white dwarfs: new insights[J]. The Astronomy and Astrophysics Review, 2019, 27 (1): 1－92.

[66] 苏杰. DA 型脉动白矮星的星震学研究[D]. 中国科学院研究生院（云南天文台），2014.

[67] Nather R E, Winget D E, Clemens J C, et al. The whole earth telescope-A new

astronomical instrument[J]. The Astrophysical Journal, 1990, 361: 309 - 317.

[68] Dziembowski W. Light and radial velocity variations in a nonradially oscillating star[J]. Acta Astronomica, 1977, 27: 203 - 211.

[69] Chen Y H, Li Y. Asteroseismology of DAV star EC 14012 − 1446, mode identification and model fittings[J]. Monthly Notices of the Royal Astronomical Society, 2014, 443(4): 3477 - 3485.

[70] Winget D E, Van Horn H M, Hansen C J. The nature of the ZZ Ceti oscillations-Trapped modes in compositionally stratified white dwarfs[J]. The Astrophysical Journal, 1981, 245: L33 - L36.

[71] Brassard P, Fontaine G, Wesemael F, et al. Adiabatic properties of pulsating DA white dwarfs. II-Mode trapping in compositionally stratified models[J]. The Astrophysical Journal Supplement Series, 1992, 80: 369 - 401.

[72] Chen Y H. The dispersion of period spacing for DAV stars[J]. Monthly Notices of the Royal Astronomical Society, 2016, 458(2): 1190 - 1198.

[73] Chen Y H. Asteroseismology of the DBV star CBS 114[J]. Research in Astronomy and Astrophysics, 2016, 16(8): 003.

[74] Pesnell W D. Observable quantities of nonradial pulsations in the presence of slow rotation[J]. The Astrophysical Journal, 1985, 292: 238 - 248.

[75] Handler G, Romero-Colmenero E, Provencal J L, et al. The pulsating DA white dwarf star EC 14012 − 1446: results from four epochs of time-resolved photometry[J]. Monthly Notices of the Royal Astronomical Society, 2008, 388 (3): 1444 - 1456.

[76] Althaus L G, Serenelli A M, Panei J A, et al. The formation and evolution of hydrogen-deficient post-AGB white dwarfs: The emerging chemical profile and the expectations for the PG 1159-DB-DQ evolutionary connection [J]. Astronomy & Astrophysics, 2005, 435(2): 631 - 648.

[77] Althaus L G, Córsico A H, Bischoff-Kim A, et al. New chemical profiles for the asteroseismology of ZZ Ceti stars[J]. The Astrophysical Journal, 2010, 717 (2): 897.

[78] Córsico A H, Althaus L G. Asteroseismic inferences on GW Virginis variable stars in the frame of new PG 1159 evolutionary models[J]. Astronomy & Astrophysics, 2006, 454(3): 863 - 881.

[79] Rogers F J, Nayfonov A. Updated and expanded OPAL equation-of-state tables: implications for helioseismology[J]. The Astrophysical Journal, 2002, 576(2): 1064.

[80] Saumon D, Chabrier G, van Horn H M. An equation of state for low-mass stars and giant planets[J]. The Astrophysical Journal Supplement Series, 1995, 99: 713.

[81] Timmes F X, Swesty F D. The accuracy, consistency, and speed of an electron-positron equation of state based on table interpolation of the Helmholtz free energy[J]. The Astrophysical Journal Supplement Series, 2000, 126(2): 501.

[82] Potekhin A Y, Chabrier G. Thermodynamic functions of dense plasmas: analytic approximations for astrophysical applications [J]. Contributions to Plasma Physics, 2010, 50(1): 82 – 87.

[83] Cassisi S, Potekhin A Y, Pietrinferni A, et al. Updated electron-conduction opacities: the impact on low-mass stellar models [J]. The Astrophysical Journal, 2007, 661(2): 1094.

[84] Lamb D Q, Van Horn H M. Evolution of crystallizing pure C – 12 white dwarfs [J]. The Astrophysical Journal, 1975, 200: 306 – 323.

[85] Bischoff-Kim A, Montgomery M H. Wdec: A code for modeling white dwarf structure and pulsations[J]. The Astronomical Journal, 2018, 155(5): 187.

[86] Lamb Jr D Q. EVOLUTION OF PURE CARBON – 12 WHITE DWARFS [M]. University of Rochester, 1974.

[87] Itoh N, Mitake S, Iyetomi H, et al. Electrical and thermal conductivities of dense matter in the liquid metal phase. I-High-temperature results[J]. The Astrophysical Journal, 1983, 273: 774 – 782.

[88] Itoh N, Kohyama Y, Matsumoto N, et al. Electrical and thermal conductivities of dense matter in the crystalline lattice phase[J]. The Astrophysical Journal, 1984, 285: 758 – 765.

[89] Li Y. Bisystem Oscillation Theory of Stars. I-Linear Theory. II-Excitation Mechanisms[J]. Astronomy and Astrophysics, 1992, 257: 133 – 144.

[90] Li Y. Bisystem Oscillation Theory of Stars-Part Two-Excitation Mechanisms [J]. Astronomy and Astrophysics, 1992, 257: 145 – 152.

[91] Chen Y H, Li Y. Asteroseismology of DAV white dwarf stars and G 29 – 38 [J]. Research in Astronomy and Astrophysics, 2013, 13(12): 1438.

[92] Chen Y H, Li Y. Asteroseismology of the DAV star HS 0507 + 0434B, including core-composition profiles [J]. Monthly Notices of the Royal Astronomical Society, 2014, 437(4): 3183 – 3189.

[93] Chen Y H, Shu H. Asteroseismology of the DAV star R808[J]. Monthly Notices of the Royal Astronomical Society, 2021, 500(4): 4703 – 4709.

[94] Chen Y H. Application of screened Coulomb potential in fitting DBV star PG 0112+ 104[J]. Monthly Notices of the Royal Astronomical Society, 2018, 475 (1): 20 - 26.

[95] Biscsho-Kim A. Non-luminous sources of cooling in pulsating white dwarfs[J]. 2018.

[96] Romero A D, Córsico A H, Althaus L G, et al. Toward ensemble asteroseismology of ZZ Ceti stars with fully evolutionary models[J]. Monthly Notices of the Royal Astronomical Society, 2012, 420(2): 1462 - 1480.

[97] Werner K, Heber U, Hunger K. Non-LTE analysis of four PG 1159 stars[J]. Astronomy and Astrophysics, 1991, 244: 437 - 461.

[98] Castanheira B G, Kepler S O. Seismological studies of ZZ Ceti stars-I. The model grid and the application to individual stars[J]. Monthly Notices of the Royal Astronomical Society, 2008, 385(1): 430 - 444.

[99] Castanheira B G, Kepler S O. Seismological studies of ZZ Ceti stars-II. Application to the ZZ Ceti class[J]. Monthly Notices of the Royal Astronomical Society, 2009, 396(3): 1709 - 1731.

[100] Zong W, Charpinet S, Vauclair G, et al. Amplitude and frequency variations of oscillation modes in the pulsating DB white dwarf star KIC 08626021-The likely signature of nonlinear resonant mode coupling [J]. Astronomy & Astrophysics, 2016, 585: A22.

[101] Giammichele N, Fontaine G, Brassard P, et al. A new analysis of the two classical ZZ Ceti white dwarfs GD 165 and Ross 548. II. Seismic modeling[J]. The Astrophysical Journal Supplement Series, 2016, 223(1): 10.

[102] Giammichele N, Charpinet S, Fontaine G, et al. A large oxygen-dominated core from the seismic cartography of a pulsating white dwarf[J]. Nature, 2018, 554(7690): 73 - 76.

[103] Kim A, Winget D E, Montgomery M H. Measuring plasmon neutrino rates using DBVs[J]. Memorie della Societa Astronomica Italiana, 2006, 77: 460.

[104] Timmes F X, Townsend R H D, Bauer E B, et al. The impact of white dwarf luminosity profiles on oscillation frequencies[J]. The Astrophysical Journal Letters, 2018, 867(2): L30.

[105] Charpinet S, Brassard P, Giammichele N, et al. Improved seismic model of the pulsating DB white dwarf KIC 08626021 corrected from the effects of neutrino cooling[J]. Astronomy & Astrophysics, 2019, 628: L2.

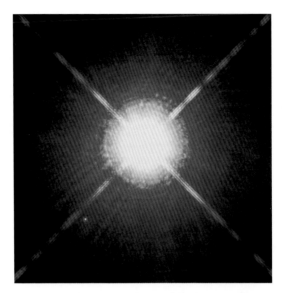

图 1.5　由哈勃空间望远镜拍摄的天狼星伴星

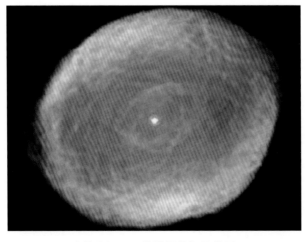

图 1.6　哈勃空间望远镜拍摄的行星状星云 IC 418

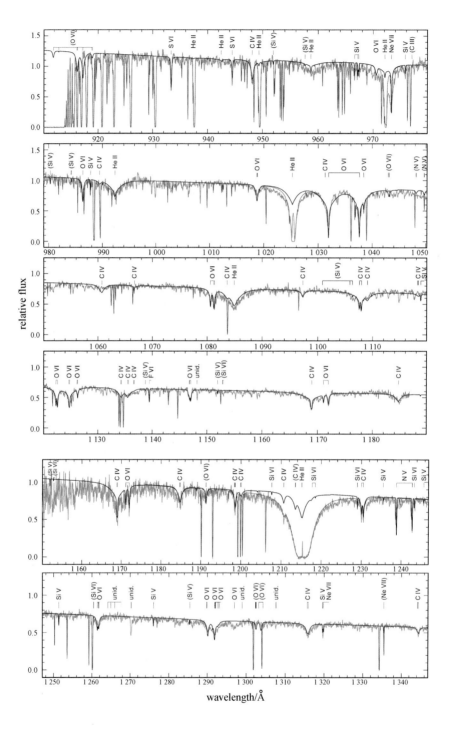

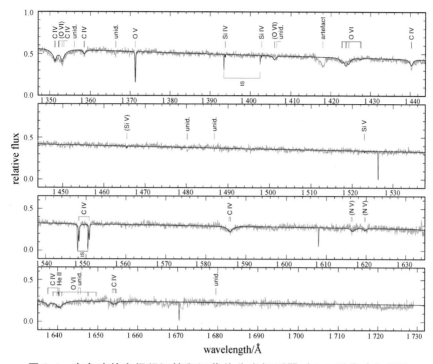

图 2.4　来自哈勃空间望远镜和远紫外分光探测器对 DO 型脉动白矮星
PG 1159－035 的高精度紫外观测光谱以及拟合光谱图[25]

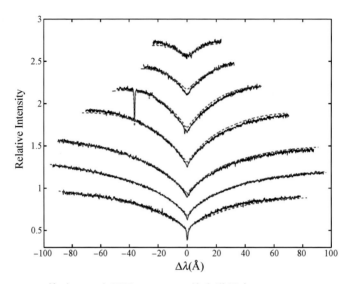

图 2.11 Xu 等对 DAV 白矮星 G 29－38 的光谱拟合,$T_{\text{eff}} =$ 11 820 K,log $g =$ 8.40,观测光谱来自欧南台 SN Ia Progenitor Survey 项目[30]

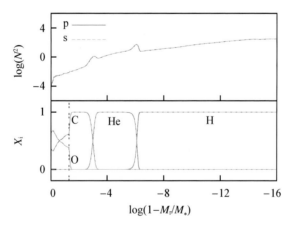

图 3.1 碳氧核白矮星核组成轮廓和浮力频率图[34]

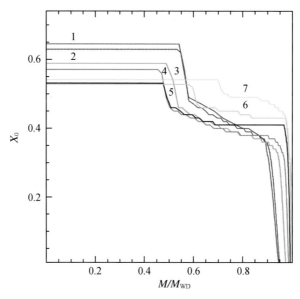

图 3.5 Salaris 等计算得到的不同质量的白矮星的中心核氧丰度轮廓图[39]

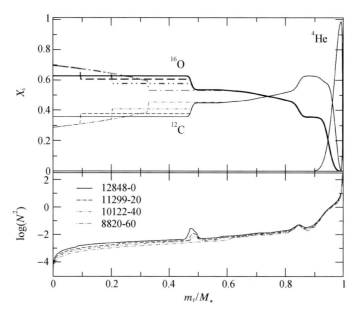

图 5.1 碳氧核白矮星的结晶核轮廓图和浮力频率图[54]

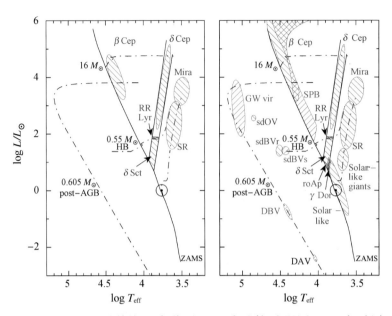

图 6.1 Handler 总结的约 40 年前(和 2013 年比较,左图)和 2013 年时(右图)的不同种类的脉动变星在赫罗图中的分布[62]

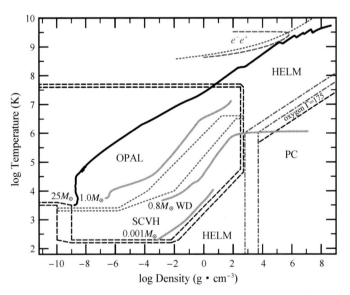

图 7.2 来自 MESA 的物态方程表格的温度密度图[35]

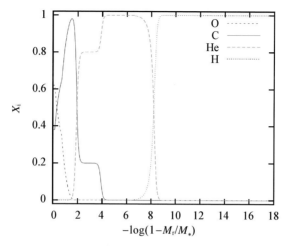

图 7.6　WDEC(2018)v16 模式演化的 DAV 白矮星组成轮廓图

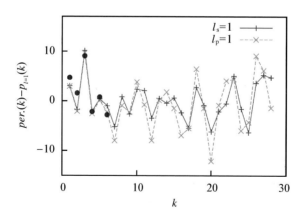

图 8.1　著者在 2018 年的工作[94] 中考虑屏蔽库伦势(加号)和
纯净库伦势(叉号)对 DBV 白矮星 PG 0112＋104
l＝1 的观测模式的拟合

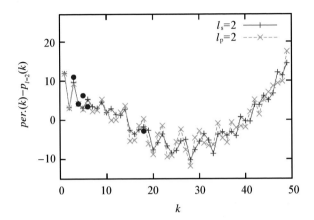

图8.2 著者在 2018 年的工作[94]中考虑屏蔽库伦势(加号)和
纯净库伦势(叉号)对 DBV 白矮星 PG 0112＋104
l＝2 的观测模式的拟合

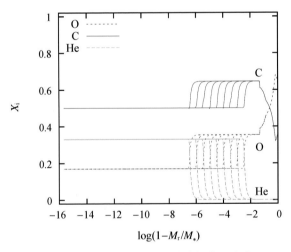

图8.3 著者在 2019 年所作的演化的固定表面
大气结构的 DOV 白矮星模型[8]